哈尔滨工业大学"十一五"规划教材

国家自然科学基金青年科学基金项目和黑龙江省高等教育教学改革项目资助

道路交通环境保护

王晓宁　盛洪飞　编著

中国建筑工业出版社

图书在版编目（CIP）数据

道路交通环境保护/王晓宁，盛洪飞编著. —北京：中
国建筑工业出版社，2012.7
ISBN 978-7-112-14401-3

Ⅰ.①道… Ⅱ.①王…②盛… Ⅲ.①公路运输-环境保
护 Ⅳ.①X734

中国版本图书馆 CIP 数据核字（2012）第 129546 号

本书根据我国道路交通环境保护的实际需要，系统介绍了常用的理论和方法，包
括国内外道路交通环境保护的发展概况、道路交通对环境的影响分析、道路交通污染
调查与分析、道路交通环境影响预测、道路交通环境影响评价、道路交通环境影响的
减缓措施等内容。此外，本书对常用的专业英语词汇、环保知识及相关法律条文进行
了总结归纳，给出了学习提示。

本书具有明显的学科交叉特点，涉及道路、交通、环境等相关专业。本书可作为
本科生、研究生学习道路交通环境保护等课程的教材，也可供从事道路交通规划设计
与管理、道路交通环境影响评价的人员参考使用。

* * *

责任编辑：石枫华
责任设计：何一明
责任校对：肖 剑 刘 钰

道路交通环境保护

王晓宁 盛洪飞 编著

*

中国建筑工业出版社出版、发行（北京西郊百万庄）
各地新华书店、建筑书店经销
北京红光制版公司制版
北京世知印务有限公司印刷

*

开本：787×1092 毫米 1/16 印张：8¾ 字数：230 千字
2012 年 8 月第一版 2012 年 8 月第一次印刷
定价：**36.00** 元
ISBN 978-7-112-14401-3
（22458）

前　言

随着我国交通事业的快速发展，道路建设里程不断增长，机动车拥有量逐年递增，道路建设和机动车行驶带来的交通污染也随之增加。在一些大中城市，由机动车行驶带来的噪声、空气污染已经相当严重。如何处理好道路交通建设、机动车增多和环境保护的关系是亟待解决的问题。

道路交通环境保护工作已经在我国广泛开展，众多专家、学者、建设者从道路交通建设运营对环境的影响、环境影响预测评价、环境保护措施等方面开展了大量研究和实践。在高校的教学科研和工程技术人员的工作中，急需对国内外道路交通环境保护的最新研究成果和发展趋势进行汇总、分析、提炼，形成我国道路交通环境保护的基本理论和方法，为我国道路交通环境保护人才的培养和工作开展提供支持。

本书以本科生、研究生和从事相关研究、工作的人员为对象，从交通学科与环境学科相交叉的角度，阐述道路交通环境保护常用的基本理论和方法。本书力求基本理论介绍简明系统，资料、方法与案例充实可信，实用性、参考性强。

本书为哈尔滨工业大学"十一五"规划教材，受到国家自然科学基金青年科学基金项目和黑龙江省高等教育教学改革项目资助。在本书编写过程中，参考了大量相关著作与资料，在此向涉及的专家、学者和工程技术人员表示感谢！由于编者学识和水平有限，书中不妥之处，敬请批评指正。

2012 年 7 月

3

目　　录

第1章　绪论 ……………………………………………………………………………… 1

　1.1　道路交通环境保护的含义 ……………………………………………………… 1

　1.2　国外道路交通环境保护概况 …………………………………………………… 3

　1.3　国内道路交通环境保护概况 …………………………………………………… 5

第2章　道路交通对环境的影响分析 ………………………………………………… 9

　2.1　道路交通项目基本建设程序 …………………………………………………… 9

　2.2　道路交通环境影响的主要方面 ………………………………………………… 12

　2.3　公路工程环境影响分析示例 …………………………………………………… 20

　2.4　特殊需要保护地区的环境影响分析 …………………………………………… 23

第3章　道路交通污染调查 …………………………………………………………… 25

　3.1　环境现状调查 …………………………………………………………………… 25

　3.2　噪声污染调查 …………………………………………………………………… 30

　3.3　大气污染调查 …………………………………………………………………… 33

　3.4　水污染调查 ……………………………………………………………………… 37

　3.5　振动污染调查 …………………………………………………………………… 41

第4章　道路交通环境影响预测 ……………………………………………………… 45

　4.1　常用预测方法分类 ……………………………………………………………… 45

　4.2　道路交通空气污染预测 ………………………………………………………… 45

　4.3　道路交通噪声污染预测 ………………………………………………………… 51

　4.4　道路交通环境影响研究示例 …………………………………………………… 57

第5章　道路交通环境影响评价 ……………………………………………………… 64

　5.1　道路交通环境影响评价的含义与分类 ………………………………………… 64

　5.2　常用的评价标准 ………………………………………………………………… 65

　5.3　环境影响评价程序及内容 ……………………………………………………… 69

　5.4　环境影响评价方法和技术 ……………………………………………………… 73

　5.5　环境影响报告书的编制 ………………………………………………………… 79

　5.6　道路环境影响评价要点分析 …………………………………………………… 84

第6章　道路交通环境影响的减缓措施 ……………………………………………… 93

　6.1　公路路线环保设计 ……………………………………………………………… 93

　6.2　路基横断面环保设计 …………………………………………………………… 95

　6.3　路堤、路堑边坡防护 …………………………………………………………… 96

　6.4　公路建设对社会环境影响的对策 ……………………………………………… 98

　6.5　公路建设对生态环境影响的对策 ……………………………………………… 99

6.6 道路交通空气污染控制措施 ·· 101

6.7 道路交通噪声控制措施 ··· 103

6.8 道路交通振动防治 ··· 107

6.9 交通环保投资与计算 ··· 108

附录 A 常用英语词汇 ··· 111

附录 B 常用环保知识 ··· 114

附录 C 常用法规学习提示 ·· 119

参考文献 ··· 131

第1章 绪 论

1.1 道路交通环境保护的含义

关于道路交通环境保护的含义，有两种观点：一种观点认为道路交通环境保护是环境保护在交通领域的体现，另一种观点认为道路交通环境保护是交通工程学的分支。第一种观点经常出现于环境保护的书中，第二种观点经常出现在交通工程学的书中。

1.1.1 环境保护在交通领域的体现

1.1.1.1 环境的概念

从哲学上讲，环境是相对于主体（或某项中心事物）而言的客体，它与主体相互依存、相互作用、相互制约，它的内容随着主体的不同而不同，其差异源于主体的界定。对于环境科学来说，主体是人类，环境就是人类生存的客体，是指以人类为主体的外部客观世界的总体，既包括自然因素，也包括社会因素。

有时为了工作需要，环境还具有特定的含义，它们大多出现在各国颁布的环境保护法规中。例如，我国的《环境保护法》规定：本法所称的环境是指影响人类生存和发展的各种天然的和经过人工改造的自然因素的总体，包括大气、水、土地、矿藏、森林、草原、野生动物、野生植物、水生生物、名胜古迹、风景游览区、温泉、疗养区、自然保护区、生活居住区等。这是把环境中应该保护的要素界定为环境保护的对象，其目的是从实际工作的需要出发，对环境一词的法律适用范围作出规定，以保证法律的准确实施。

1.1.1.2 环境要素的概念及特点

构成环境整体的各个独立的、性质不同而又服从整体演化规律的基本物质组分称为环境要素。它可以分为自然环境要素和社会环境要素。目前研究较多的是自然环境要素，通常所说的环境要素指的就是自然环境要素，主要包括水、大气、生物、土壤、岩石和阳光等。环境要素组成环境的结构单元，环境的结构单元又组成环境整体或环境系统。

环境要素具有以下特点：

（1）最小限制律。整个环境的质量不是由诸环境要素的平均状况决定的，而是受那个与最优状态差距最大的环境要素所控制，即环境质量取决于诸要素中处于"最劣状态"的那个环境要素，而不能用其余处于优良状态的环境要素去弥补、去代替。根据这个特点，在环境治理的时候，应该遵循由差到优的顺序，依次改造每个环境要素，使之均衡地达到最佳状态。

（2）等值性。诸环境要素不论其规模或数量上的不同，只要是一种独立的要素，那么它们对环境质量的限制作用是相同的。

（3）环境的整体性大于诸环境要素的个体之和。环境要素相互联系、相互作用产生的集体效应，是在个体效应基础上的飞跃，比组成该环境各个要素的作用之和要丰富得多，复杂得多。

(4) 所有环境要素具有相互联系、相互依存的关系。

1.1.1.3　环境保护

环境保护的含义随着时代的发展而不断变化。20 世纪 50 年代，环境保护主要指三废治理、排除噪声干扰等技术性管理工作，目的是消除公害、保护人类健康。20 世纪 70 年代的环境会议召开以后，人们认为环境保护不但是治理污染的技术问题、保护人类健康的福利问题，更为重要的是经济问题和政治问题。

环境保护的内容主要是：保护和改善环境质量，合理开发和利用资源。我国 1989 年颁布的《中华人民共和国环境保护法》明确提出了环境保护的基本任务："保护和改善生活环境与生态环境，防止污染和其他公害，保障人体健康，促进社会主义现代化建设和发展。"

这里需要强调的是，环境科学与环境保护所研究的环境问题主要不是自然灾害问题，而是人为因素引起的环境问题。人为的环境问题可以分为两类：一是不合理地开发利用自然资源，超出环境承受能力，使生态环境恶化或自然资源趋向枯竭；二是人口激增、城市化和工农业高速发展引起的环境污染和环境破坏。

1.1.1.4　道路交通环境保护

道路交通环境保护是近年来人们针对道路交通环境污染治理、利用和保护自然资源、改善生态环境而产生的一门技术学科。从这个意义上说，道路交通环境保护是环境保护在交通领域的体现。

1.1.2　交通工程学的分支

交通环境保护是交通工程学的一个分支，是交通工程领域的一个新兴研究方向。它是研究减少和消除交通噪声、废气和振动等对环境的不利影响，为提高城市环境质量、创造良好的生活环境服务。

交通工程学是近 50 年来发展起来的一门新的综合性学科，是研究交通系统中的人、车、路、环境之间关系的学科。该学科具有明显的学科交叉性，兼具社会科学、技术科学和管理科学的特点。它把道路工程学中的静态物（道路交通设施）、汽车工程学中的动态物（运输工具）、人体工程学中的人（驾驶员、乘客、行人）、环境工程学中的环境，综合在道路交通这个系统中进行研究，以寻求道路通行能力最大、交通事故最少、运输效率最高、运输费用最省、环境影响最低的措施，从而达到安全、经济、环保、迅速便利和舒适的目的。

交通工程学研究的主要内容有交通特性、交通调查、交通流理论、道路的通行能力和服务水平、交通规划、交通事故与安全、交通管理与控制、停车场及服务设施、公共交通、交通环境保护、交通工程的新理论、新方法、新技术等。近年来，随着环境保护意识的增强，交通环境保护越来越引起交通工程专家、学者和道路交通建设者的重视，交通环境保护的含义也在更新发展、逐渐明确。

交通环境保护研究的是道路交通建设运营过程中产生的环境问题，其与道路路线直接相关。道路是一条三维空间实体。它是由路基、路面、桥梁、涵洞、隧道和沿线设施所组成的线形构造物。一般所说的路线，是指道路中线的空间位置。路线在水平面上的投影称作路线的平面。沿中线竖直剖切再行展开则是路线的纵断面。中线上任意一点的法向切面是道路在该点的横断面。路线设计是指确定路线空间位置和各部分几何尺寸的工作。为研究的方便，把它分解为路线平面设计、路线纵断面设计和横断面设计。三者是相互关联的，既分别进行，又综合考虑。

道路交通环境保护就是在道路的规划设计、施工和运营管理中，采取工程技术措施控制和消除交通环境问题，重点是治理和控制环境污染，合理利用、保护自然资源，利用道路工程、环境工程和系统工程等综合方法，来寻求解决道路交通环境问题的最佳方案，使道路交通建设与环境相协调，达到社会经济可持续发展的目标。

1.2 国外道路交通环境保护概况

1.2.1 瑞典

1970 年以前，瑞典国内并不重视公路环保工作，直到 20 世纪 70 年代末，才开始关注公路噪声等问题，而综合考虑和实施公路环保措施是在 20 世纪 90 年代。如今，瑞典公路环保工作已步入规范化、系统化和社会化的轨道。瑞典公路环保工作大致经过了四个阶段：

（1）1970 年以前，瑞典公路环保工作主要是在学术上开展研究讨论，关注的重点是公路与两侧自然景观的结合等方面的问题。

（2）20 世纪 70 年代末，瑞典公路环保工作重点解决两个问题：一是现有公路的汽车噪声问题，二是新规划公路的农田保护问题。

（3）20 世纪 80 年代，通过对公路项目的环保评估解决公路中的各种环保问题，主要是公路与各种保护区（如文化遗产、历史古迹等）和受威胁的生态系统之间的冲突问题。如国家拟在西部海岸规划建设公路时，当地便展开论证是否有必要在当地修建公路，是否影响或破坏那里丰富的文化遗产。

（4）20 世纪 90 年代，社会对公路交通引起的日益严重的环境污染提出批评，认为公路部门的环保措施不力。因此，需将公路环保提高到国家政策决策的高度，即将公路环保作为国家的政策目标来实施，并为此制定相应的法律和法规。

1.2.2 美国

美国交通部在公路管理局下设规划与环境保护处，直接负责项目规划和实施过程中资源环境保护工作，拥有环境管理和监督职能。同时，在各个工程项目中都分别设有专门的环境监理部门，在环境管理和监督上基本不受其他部门的干扰，从而能够有效地保证"环保优先"的原则。

工程环境监理实施过程中，充分体现"尊重自然、恢复自然"的理念。工程环境监理的最主要内容是看是否努力把对自然的扰动与破坏控制在最小限度内。在施工前是否先将树木或树桩移走，建成后搬回原地栽植；在动物出没的地段是否建立动物通道，避免对动物栖息地的分割；是否尽量绕避森林、湿地、草原等重要的生态区域等。还有，施工过程中是否采取相关措施，尽快地恢复原有的自然群落。公路绿化是否能保护沿线的生态环境和自然环境，提高行车安全性和舒适性，提供和谐的公路景观等。对于所有环保措施，都有专门的环境管理和监理专职机构实施和监督。

1.2.3 澳大利亚

澳大利亚非常重视环境保护，在公路工程建设中，把环境保护落实到公路项目的各个环节和各个阶段中。政府对环境保护有严格的立法，有关交通部门都要严格遵守。当有对环境造成严重的、不可恢复的破坏情况发生时，监理部门要通知执法部门，并对责任公司及责任人处以重罚。澳大利亚环境监理部门非常重视公路项目施工对环境的影响，施工过程中着重对水、空气、土地、动植物、生态平衡进行保护，并解决噪声等污染问题。施工中环境监理主要有以下内容：

（1）实行施工单位环境监理资格证制度。环境保护部门依照各施工单位环境保护的业绩评定其环境监理资质，只有具有相应环境监理资质的施工单位才能承担相应的建设工程环境监理工作。

（2）严格的施工计划审批制。施工单位在承揽项目后，开工前要编制详细的环境保护计划。环保计划要经过政府部门和监理机构批准后项目才能开工。

（3）完善的监测制度。施工单位在施工过程中，每月都要做一次环境监测报告，在施工过程中对水、空气、土地等的影响以及噪声等污染进行实时监测。环境监理部门定期进行检查并亲自抽查监测，以检验施工单位自检的可靠性。另外还有环境警察对环保法律的执行情况进行检查，确保环保标准落到实处。

（4）环境监理部门认真执行环保标准，并监督其执行情况。

1.2.4 加拿大

加拿大建立了比较完善的公路环保法规体系，环保意识深入人心，全民对公路建设项目的参与意识也较强。加拿大公路环境管理执法有较强的力度和可操作性，对违法行为进行重罚。由政府派出环境监督官员监督项目各个阶段的环境保护和环境监理工作。为避免生态环境在公路建设和维护中遭破坏，交通部门在承包合同中明确规定承包商必须承担的环保义务，并由环境监理部门监督实施。

"尊重自然、恢复自然"的理念在加拿大公路建设中得到了充分的体现。在施工环境监理中，主要把对自然的扰动和破坏尽量控制在最小限度内。工程环境监理主要内容有：对施工中受影响的地区，事后是否通过选种适宜的花草树木等措施使其恢复生态平衡；是否详细调查每一棵树木，并尽可能地保护它们；针对野生动物经常出没的路段，是否有针对性地设置了环保标志物来保护动物；是否调查大型动物季节性迁徙或为觅食而经常走过的路径，并保留安全的动物通道。

1.2.5 德国

德国交通部门为了避免、减少及补偿公路建设对环境造成的较大而持续的影响，公路建设之前有关部门就拟定了长期的保护措施以及严格的工程环境监理制度。在规划、设计、施工及养护的各个环节都十分重视对公路沿线自然和风景区的保护，施工期间环境保护的效果主要靠环境监理来保证。由于公路施工本身的原因造成环境影响或破坏时，环境监理机构及时做出处理，并责令施工单位对环境造成的损害进行补偿。

德国工程环境监理主要还包含以下内容：在公路建设、营运及工程扩建中，严格监理在居民区的交通噪声是否超标，如果超过了所规定的极限值，公路建设项目的承担者必须提供相应的噪声防护措施；同时还对空气中有害物质的极限值进行监理，如果超标，就要根据有关规定采取补救措施；工程环境监理是否尽最大可能避免对自然和风景区产生有害影响；对无法避免的侵害必须通过自然保护措施和风景保护措施，加以补偿。

1.2.6　瑞士

瑞士政府制定了非常严格的法规，要求在公路施工期间设有专门的环境监理机构，采取严格的环境监理制度，落实环境保护措施，防止对环境造成污染。政府规定，公路项目施工完成以后，施工单位必须把现场恢复到自然状态，完全消除人工破坏的痕迹，还大自然以本来面目。该工作由专门的环境监理机构负责监督执行。

1.3　国内道路交通环境保护概况

1.3.1　我国公路环境保护历程

随着公路建设的快速发展，我国逐步建立了公路交通环境保护的制度和体系。

1987 年交通部颁发了《交通建设项目环境保护管理办法（试行）》，要求在公路新建和改建过程中实施公路标准化美化工程（GBM 工程），标志着我国公路行业环境保护工作进入法制管理阶段。

20 世纪 90 年代初，针对建设项目施工阶段的生态环境影响和环境污染问题，环保专家提出了开展建设项目施工期环境监理工作的建议，为有效地控制施工阶段的环境污染和对生态环境的影响提供保障。

2002 年 10 月，国家环保总局会同铁道、交通、水利等有关部门联合下发了《关于在重点建设项目中开展工程环境监理试点的通知》（环发［2002］141 号），在全国范围内确定了 13 个重点建设项目作为工程环境监理的试点工程，其中公路工程有三个，即上瑞国道（贵州境）三穗至凯里段、上瑞国道（湖南境）邵阳至怀化段和青银线银川至古窑子段。

2003 年 5 月，交通部颁布了《交通建设项目环境保护管理办法》，有效地促进和保证了公路环境管理。

2004 年，根据工程环境监理试点工作所取得的经验，交通部发出了《关于开展交通工程环境监理工作的通知》（交环发［2004］314 号），决定在交通行业内开展工程环境监理工作，并作为工程监理的重要组成部分，纳入工程监理管理体系中。

2006 年，中华人民共和国行业标准《公路建设项目环境影响评价规范》JTG B03—2006 发布实施。

2010 年，中华人民共和国行业标准《公路环境保护设计规范》JTG B04—2010 发布实施。

1.3.2　我国机动车污染物排放研究概况

与发达国家相比，我国对机动车污染物排放及排放因子的测试研究起步较晚，在"七五"期间（1986～1990年）才开始考虑这方面的问题。

1.3.2.1 汽车排放污染物测定方法

中国一汽集团长春汽车研究所以国外流行的汽车排气试验规程为蓝本，起草了我国"轻型汽车排污染物测定方法"和"重型汽车排放试验方法"，成为我国汽车污染物排放量测量方法最早的技术法规。

1.3.2.2 污染物排放因子测试方法

为定量确定车辆在道路上行驶排放的污染物数量，需要确定各种车型单车污染物排放因子，即每辆车行驶单位里程所排放的污染物数量，单位是 g/(km·辆)。目前，国内外确定机动车单车污染物排放因子的方法主要有台架测试法、隧道实验法、道路车载测试法、道路遥感测试法、排放模型法五大类。

（1）台架测试法

台架测试法通常在排放实验室中进行，研究者可以控制各种实验条件，实验的可重复性较好，因此台架测试法被认为是最可靠的确定机动车排放因子的方法。进行实验时，被测机动车在底盘测功机上按照某一设定工况（通常为标准工况）行驶，同时所排放的污染物被测试系统收集。欧美和日本等国家都先后建立起自己的标准排放测试程序。台架测试的主要缺点是系统昂贵，而且每次测试只能获取一辆机动车的排放数据，测试成本高。

（2）隧道实验法

20世纪80年代以来，由于公路隧道空气污染防治、隧道安全防火和隧道机械通风设计等方面的要求，需要给出公路行驶机动车真实的空气污染物排放强度。美国联邦公路管理局（FHWA）以及福特（FORD）、通用（GM）等汽车公司，先后在营运的公路隧道内，通过测试机动车污染物浓度来研究和确定公路机动车污染物排放因子。该方法通常是在建成的隧道内，测试车流排放形成的污染物浓度分布和隧道内风场等环境要素，再通过隧道内污染物质量守恒方程导出机动车流污染物排放强度。用公路隧道内实测污染物浓度分布确定的污染物排放强度，能够代表真实道路上车辆行驶状态下的排放情况。

（3）道路车载测试法

随着机动车排放研究的不断深入，越来越多的研究者开始关注机动车在实际道路上的瞬态排放特征。因此，道路车载测试逐渐成为研究热点之一。道路车载测试系统被直接安置在行驶中的机动车内，逐秒采集机动车行驶特征参数和污染物排放速率，为研究者提供了大量的可真实反映机动车瞬态行驶状况和排放的数据。有研究者甚至认为，在某些方面，车载测试可以替代费力耗时的台架测试。

（4）道路遥感测试法

遥感技术是一种非接触式的光学测量手段，可直接测量行驶中机动车的尾气排放，已在欧美等国家得到了普遍应用。遥感测试的优点是自动化程度高，一天可测试上万辆机动车，成为机动车尾气检测/维修（I/M）项目及发现高排放车的主要手段。我国已采用这种测试技术来研究机动车污染物排放水平。遥感测量的主要缺点是容易受环境条件（如风速和风向）的影响。而且由于遥感测试为定点测试，不能全面反映机动车在各种行驶状态下的排放。

（5）排放模型法

机动车污染排放模型研究的主旨是建立机动车污染排放与其影响因素之间的数学或物

6

理关系。首先，研究者根据机动车污染物排放的物理化学原理，借助各种测试手段，对影响机动车污染排放的主要因素进行判断和识别。然后针对所识别的主要影响因素，设计机动车污染排放测试方案，对在各影响因素作用下机动车的排放进行测试。在获取样本足够的测试数据之后，通过数学统计和物理分析等方法描述机动车在各影响因素作用下的排放特征和规律，并据此构建机动车污染排放模型。

表 1-1 列出了上述五种方法的内容及特点。

五种方法的内容及特点   表 1-1

方 法	内 容	特 点
台架测试法	在实验室条件下使用标准的测试循环对车辆的排放情况进行测试。一个测试循环由停车、起动、匀速、巡航、加速和减速的完整过程组成	在实验室中进行，模拟车辆在典型的外界环境下的测试。不能反映实际道路上的排放状况
隧道实验法	利用公路隧道来监测道路汽车尾气污染物的排放。公路隧道被看作一个控制汽车尾气扩散的特殊设施，其作用类似于用定容采样的方法在实验室内监测	得到的是各种车型的平均排放因子，难以进一步得到分车型的排放因子，虽然可以利用多次实验的数据和分车型的车流量数据进行多元回归得到分车型的排放因子，但是其准确性无法保证
车载测试法	利用车载排放测试仪器，在实际道路上动态、实时地测量车辆排放	不受位置、环境限制，测试方便、准确、真实
遥感测试法	在道路边架设仪器，通过不分光红外分析法（NDIR）等技术，在线、动态监测尾气管排放污染物的浓度，进而求出该道路上的机动车排放因子	自动化程度高，平均一天可以测试上千台车，但仅能测出在一个基于混合气比率或是燃油比率的特定位置上的瞬时排放量估计值，受测试地点和环境影响较大，测试数据不够准确
排放模型法	借助各种测试手段，对影响机动车污染排放的主要因素进行判断和识别，建立机动车污染排放与其影响因素之间的数学关系或物理关系	能够考虑影响机动车排放特性的多种因素，但需要大量测试数据。公式中的一些参数在没有详细机动车档案记录、专业技术资料的情况下难以确定

1.3.2.3 我国机动车污染物排放因子研究主要成果

针对我国机动车排放水平和道路交通实际情况，国内许多专家学者开展了大量的研究工作，比较有代表性的有：

1986 年，原西安公路交通大学根据我国公路项目环境影响评价和隧道通风设计的需要，开始了我国机动车污染物排放因子的研究。通过对一些典型汽车污染物排放量的实测，得出了当时我国几种有代表性的汽车在等速行驶的情况下，其污染物排放因子和 ECE—15 工况污染物排放量。该成果成为我国公路项目环境影响评价中计算机动车空气污染物排放强度的基础数据，已得到广泛应用。

1996 年由北京市汽车研究所、清华大学环境工程系、广州市环境监测中心站和中国环境科学研究院承担的世界银行援助项目"中国机动车排放污染控制研究"在一些城市进行了单车基本排放因子测试。测试过程将机动车按车型分为轻型车、重型车和摩托车三大类，轻型车采用国家标准 GB/T 11642—89 规定的测试规程，重型车采用 GB/T 14762—93 测试规程，摩托车采用 GB/T 14622—93 测试规程。

清华大学等单位利用美国 MOBILE5 模型模拟北京等城市道路上机动车的污染物排放

量，并通过分析在机动车台架上测试的结果，对 MOBILE5 进行改进，试图建立适合中国城市特点的排放因子计算模型。在调查分析中国 1995 年（基准年）机动车基本数据基础上，建立了 CO、THC、NO$_x$ 等机动车污染物排放因子的计算方法。

北京大学与广州市环境科学研究所共同对广州市城市隧道进行实测，获得了该市机动车污染物排放因子。

上海市环境科学研究院利用美国 Sensors 公司生产 SEMTECH-D 车载排放测试仪随机选择了 7 辆重型柴油车开展了实际道路排放测试，该实验累积测试道路长度为 186km，共取得 29090 个逐秒的有效工况点数据，给出了车辆在不同道路上的工况点分布，分析了速度和加速度对尾气排放的影响。

东南大学将美国 MOBILE5 模型及其分析软件应用于我国城市典型机动车排放因子的计算分析，确定了南京市在用机动车综合排放因子，并运用曲线估计方法得到了以机动车平均行驶速度为自变量的南京市机动车综合排放因子拟合模型。

长安大学利用隧道法测定了我国城市道路机动车 CO、HC、NO$_x$ 三种污染物的排放因子。此外，还对动态环境下汽车污染物排放及环境因素影响进行了研究，通过室内台架实验、道路实验和模拟环境实验，研究了不同车速下汽油车 CO 排放规律。

北京交通大学利用车载尾气检测（OEM）技术对在实际道路上行驶的中巴车辆进行测试，得到该车的实测排放因子；同时应用 MOBILE6 模型，在对相关参数进行适当调整后计算相应的排放因子；对得到的排放因子进行比较和分析，并就 MOBILE6 模型在我国的适用性做出探讨。

除了上述比较有代表性的研究外，交通部颁布的《公路建设项目环境影响评价规范》给出了我国气态排放污染物等速工况下单车排放因子 E_{ij} 的推荐值，该推荐值参考了 1991 年执行的 MOBILE4.1 版本模式、因素和计算方法，结合我国对部分车辆所进行的实测结果统计修正得出。

第2章 道路交通对环境的影响分析

2.1 道路交通项目基本建设程序

2.1.1 概述

一条路从立项、规划、设计到施工、管理包括众多环节，不同环节对环境的影响是不同的。为了更好地分析道路建设运营各阶段可能产生的环境影响，需要对其基本建设程序有所了解。

建设程序是指建设项目从设想、选择、评估、决策、设计、施工到竣工验收、投入生产整个建设过程中，各项工作必须遵循的先后次序的法则。按照建设项目发展的内在联系和发展过程，建设程序分成若干阶段，这些发展阶段有严格的先后次序，不能任意颠倒和违反它的发展规律。

在我国，按现行规定，基本建设项目从建设前期工作到建设、投产一般要经历以下几个阶段的工作程序：

（1）根据国民经济和社会发展长远规划，结合行业和地区发展规划的要求，提出项目建议书；

（2）在勘察、试验、调查研究及详细技术经济论证基础上编制可行性研究报告；

（3）根据项目的咨询评估情况，对建设项目进行决策；

（4）根据可行性研究报告编制设计文件；

（5）初步设计经批准后，做好施工前的各项准备工作；

（6）组织施工，并根据工程进度，做好生产准备；

（7）项目按批准的设计内容建成并经竣工验收合格后正式投产，交付生产使用；

（8）生产运营一段时间后（一般为2年），进行项目后评价。

以上程序可由项目审批主管部门视项目建设条件、投资规模作适当合并。

目前我国基本建设程序的内容和步骤主要有：前期工作阶段，主要包括项目建议书、可行性研究、设计工作；建设实施阶段，主要包括施工准备、建设实施；竣工验收阶段以及后评价阶段。

2.1.2 前期工作阶段

2.1.2.1 项目建议书

项目建议书是要求建设某一具体项目的建议文件，是基本建设程序中最初阶段的工作，是投资决策前对拟建项目的轮廓设想。项目建议书的主要作用是为了推荐一个拟建项目而做的初步说明，论述它建设的必要性、条件的可行性和获得的可能性，供基本建设管理部门选择并确定是否进行下一步工作。

项目建议书报经有审批权限的部门批准后，可以进行可行性研究工作，但并不表明项目非上不可，项目建议书不是项目的最终决策。

项目建议书的审批程序：项目建议书首先由项目建设单位通过其主管部门报行业归属主管部门和当地发展计划部门，由行业归属主管部门提出项目审查意见（着重从资金来源、建设布局、资源合理利用、经济合理性、技术可行性等方面进行初审），发展计划部门参考行业归属主管部门的意见，并根据国家规定的分级审批权限负责审、报批。凡行业归属主管部门初审未通过的项目，发展计划部门不予审、报批。

2.1.2.2　可行性研究

项目建议书一经批准，即可着手进行可行性研究。可行性研究是指在项目决策前，通过对项目有关的工程、技术、经济等各方面条件和情况进行调查、研究、分析，对各种可能的建设方案和技术方案进行比较论证，并对项目建成后的经济效益进行预测和评价的一种科学分析方法，由此考查项目技术上的先进性和适用性，经济上的盈利性和合理性，建设的可能性和可行性。可行性研究是项目前期工作的最重要的内容，它从项目建设和生产经营的全过程考察分析项目的可行性，其目的是回答项目是否必要建设，是否可能建设和如何进行建设的问题，其结论为投资者的最终决策提供直接的依据。

可行性研究报告是确定建设项目、编制设计文件和项目最终决策的重要依据。要求必须有相当的深度和准确性。承担可行性研究工作的单位必须是经过资格审定的规划、设计和工程咨询单位，要有承担相应项目的资质。

可行性研究报告经评估后按项目审批权限由各级审批部门进行审批。其中大中型和限额以上项目的可行性研究报告要逐级报送国家发展和改革委员会审批；同时要委托有资格的工程咨询公司进行评估。小型项目和限额以下项目，一般由省级发展计划部门、行业归属管理部门审批。受省级发展计划部门、行业主管部门的授权或委托，地区发展计划部门可以对授权或委托权限内的项目进行审批。可行性研究报告批准后即国家同意该项目进行建设，一般先列入预备项目计划。列入预备项目计划并不等于列入年度计划，何时列入年度计划，要根据其前期工作进展情况、国家宏观经济政策和对财力、物力等因素进行综合平衡后决定。

2.1.2.3　设计工作

一般建设项目（包括工业、民用建筑、城市基础设施、水利工程、道路工程等），设计过程划分为初步设计和施工图设计两个阶段。对技术复杂而又缺乏经验的项目，可根据不同行业的特点和需要，增加技术设计阶段。

初步设计的内容依项目的类型不同而有所变化，一般来说，它是项目的宏观设计，即项目的总体设计和布局设计，主要的工艺流程、设备的选型和安装设计，土建工程量及费用的估算等。初步设计文件应当满足编制施工招标文件、主要设备材料订货和编制施工图设计文件的需要，是下一阶段施工图设计的基础。

初步设计（包括项目概算）的审批流程，是根据审批权限，先由发展计划部门委托投资项目评审中心组织专家审查通过后，再按照项目实际情况，由发展计划部门或会同其他有关行业主管部门审批。

施工图设计的主要内容是根据批准的初步设计，绘制出正确、完整和尽可能详细的建筑、安装图纸。施工图设计完成后，必须委托施工图设计审查单位审查并加盖审查专用章后才能使用。审查单位必须是取得审查资格，且具有审查权限要求的设计咨询单位。经审查的施工图设计还必须经有权审批的部门进行审批。

2.1.3 建设实施阶段

2.1.3.1 施工准备

建设开工前的准备主要内容包括：征地、拆迁和场地平整；完成施工用水、电、路等工程；组织设备、材料订货；准备必要的施工图纸；组织招标投标（包括监理、施工、设备采购、设备安装等方面的招标投标）并择优选择施工单位，签订施工合同。

建设单位在工程建设项目可研批准，建设资金已落实，各项准备工作就绪后，应向当地建设行政主管部门或项目主管部门及其授权机构申请项目开工审批。

2.1.3.2 建设实施

开工许可审批之后即进入项目建设施工阶段。开工之日按统计部门规定是指建设项目设计文件中规定的任何一项永久性工程（无论生产性或非生产性）第一次正式破土开槽开始施工的日期。公路、水库等需要进行大量土、石方工程的，以开始进行土方、石方工程作为正式开工日期。

国家基本建设计划使用的投资额指标，是以货币形式表现的基本建设工作，是反映一定时期内基本建设规模的综合性指标。年度基本建设投资额是建设项目当年实际完成的工作量，包括用当年资金完成的工作量和动用库存的材料、设备等内部资源完成的工作量；而财务拨款是当年基本建设项目实际货币支出。投资额是以构成工程实体为准，财务拨款是以资金拨付为准。

生产准备是生产性施工项目投产前所要进行的一项重要工作。它是基本建设程序中的重要环节，是衔接基本建设和生产的桥梁，是建设阶段转入生产经营的必要条件。使用准备是非生产性施工项目正式投入运营使用所要进行的工作。

2.1.4 竣工验收阶段

2.1.4.1 竣工验收的范围

根据国家规定，所有建设项目按照上级批准的设计文件所规定的内容和施工图纸的要求全部建成；工业项目经负荷试运转和试生产考核能够生产合格产品；非工业项目符合设计要求，能够正常使用，都要及时组织验收。

2.1.4.2 竣工验收的依据

按国家现行规定，竣工验收依据的是经过上级审批机关批准的可行性研究报告、初步设计或扩大初步设计（技术设计）、施工图纸和说明、设备技术说明书、招标投标文件和工程承包合同、施工过程中的设计修改签证、现行的施工技术验收标准及规范以及主管部门有关审批、修改、调整文件等。

2.1.4.3 竣工验收的准备

主要有三方面的工作：一是整理技术资料。各有关单位（包括设计单位和施工单位）应将技术资料进行系统整理，由建设单位分类立卷，交生产单位或使用单位统一保管。技术资料主要包括土建方面、安装方面及各种有关的文件，合同和试生产的情况报告等。二是绘制竣工图纸。竣工图必须准确、完整、符合归档要求。三是编制竣工决算。建设单位必须及时清理所有财产、物资和未花完或应收回的资金，编制工程竣工决算，分析预（概）算执行情况，考核投资效益，报规定的财政部门审查。

竣工验收必须提供的资料文件。一般非生产项目的验收要提供以下资料文件：项目的审批文件、竣工验收申请报告、工程决算报告、工程质量检查报告、工程质量评估报告、工程质量监督报告、工程竣工财务决算批复、工程竣工审计报告、其他需要提供的资料。

2.1.4.4 竣工验收的程序和组织

按国家现行规定，建设项目的验收根据项目的规模大小和复杂程度可分为初步验收和竣工验收两个阶段进行。规模较大、较复杂的建设项目应先进行初验，然后进行全部建设项目的竣工验收。规模较小、较简单的项目，可以一次进行全部项目的竣工验收。

建设项目全部完成，经过各单项工程的验收，符合设计要求，并具备竣工图表、竣工决算、工程总结等必要文件资料，由项目主管部门或建设单位向负责验收的单位提出竣工验收申请报告。竣工验收的组织要根据建设项目的重要性、规模大小和隶属关系而定。大中型和限额以上基本建设和技术改造项目，由国家发展和改革委员会或由国家发展和改革委员会委托项目主管部门、地方政府部门组织验收，小型项目和限额以下基本建设和技术改造项目由项目主管部门和地方政府部门组织验收。竣工验收要根据工程的规模大小和复杂程度组成验收委员会或验收组。验收委员会或验收组负责审查工程建设的各个环节，听取各有关单位的工作总结汇报，审阅工程档案并实地查验建筑工程和设备安装，并对工程设计、施工和设备质量等方面作出全面评价。不合格的工程不予验收；对遗留问题提出具体解决意见，限期落实完成。最后经验收委员会或验收组一致通过，形成验收鉴定意见书。验收鉴定意见书由验收会议的组织单位印发各有关单位执行。

2.1.5 后评价阶段

建设项目后评价是工程项目竣工投产、生产运营一段时间后，再对项目的立项决策、设计施工、竣工投产、生产运营等全过程进行系统评价的一种技术经济活动。通过建设项目后评价以达到肯定成绩，总结经验，研究问题，吸取教训，提出建议，改进工作，不断提高项目决策水平和投资效果的目的。

我国目前开展的建设项目后评价一般都按三个层次组织实施，即项目单位的自我评价、项目所在行业的评价和各级发展计划部门（或主要投资方）的评价。

2.2 道路交通环境影响的主要方面

2.2.1 道路环境影响的特点

道路是一种带状的人工构造建筑物，相对于其他建设项目而言，其对环境的污染宽度相对较窄——一般为道路两侧一定范围的宽度，但单向污染距离大——沿道路延伸方向从道路起点直至道路终点的范围，其污染特点为线形带状污染。也就是说，道路延伸到哪里，污染就辐射到哪里。不仅如此，污染还会以道路为中心，向横向、纵向辐射，形成空间污染。

道路建设项目施工期的污染时效与其他工程建设项目基本相同，污染影响集中在施工期这一个短期的范围内。污染由施工开始，随施工强度和施工阶段的不同而发生强弱的变化，施工结束后随即消失。营运期的影响贯穿于营运期始末。就道路的营运特点来说，营运期的影响是一种波动性的影响，随着道路交通量的变化而变化。

2.2.2 对社会环境的影响

社会环境是指经过人的改造、受过人的影响的自然环境，也就是人类在自然环境的基础上，通过有意识的社会劳动所创造的人工环境。它是人类劳动的产物，如工矿区、农业区、生活居住区、城镇、交通、名胜古迹、温泉、疗养院、风景游览区等。道路建设项目对社会环境的影响应从整个社会角度出发，评述项目对地区社会经济发展带来的影响，主要包括：对直接和间接影响区域社区发展的影响，对影响区域内居民生活质量和房屋拆迁的影响，对基础设施的影响，对影响区内资源利用和景观环境的影响等。

2.2.2.1 对社区发展的影响

包括对社区概况、人口结构、经济发展、路线对两侧交往的阻隔等影响。

（1）社区概况

道路建设项目对其路线经过地带的社会和区域划分将产生影响，可能由于项目建设打破了原来的行政区划，需重新划定区域等。

（2）人口结构

人口结构是指农业人口和非农业人口（反映城市化水平）的比例，职工人数和农业劳动力（反映劳动力服务方向）。人口文化结构是指初中以上人口占总人口的比例，专业技术人员占总人口的比例等。

（3）经济发展

经济发展是指工业、农业总产值的增长速度和变化的比例关系（反映工业化水平的指标），国民生产总值增长（反映综合经济发展水平），第三产业产值（反映产业结构和社会化程度），年出口总额（反映外向型经济水平），粮食年产量（反映粮食自给程度）。

（4）路线对两侧交往的阻隔

路线对两侧交往的阻隔指道路建成后对路线两侧人员交往所产生的影响，要求路线设计时应设置必要的方便人员交往的通道。

2.2.2.2 对居民生活质量和房屋拆迁的影响

包括对居民生活收入、公共卫生、文化设施、房屋拆迁等的影响。

（1）居民生活收入

居民生活收入是指居民的纯收入，反映居民收入水平和生活水平的指标。

（2）公共卫生

公共卫生是指万人占有医生数、病床及其医疗保健设备数，反映人民健康状况和地方病的医疗防治状况等。

（3）文化设施

文化设施是指公共图书馆、报纸、杂志、出版社、电影院、艺术团体、广播、电视等群众文化活动设施。

（4）房屋拆迁

房屋拆迁是指交通建设项目引起的房屋拆迁，它直接影响居民生活。

2.2.2.3 对基础设施所产生的影响

包括对交通设施、通信设施、水利排灌设施及电力设施所产生的影响。

（1）交通设施

交通设施是指铁路、公路、水运、航空、管道等设施与交通建设项目发生的直接或间接联系。

（2）通信设施、水利排灌设施及电力设施

通信设施、水利排灌设施及电力设施与交通建设项目发生相互干扰时，涉及迁移或避让的，要进行经济论证，评价其影响程度。

2.2.2.4 对资源利用的影响

包括对土地资源、矿产资源、旅游资源和文化古迹资源等产生的影响。

土地，尤其是耕地，是极其宝贵的自然资源。我国现有耕地约18亿亩，仅为世界总耕地的7％，而人口是世界的22％。因此，土地问题已经成为我国经济发展的重要制约因素。

据统计，四车道高速公路每公里占地75亩左右，其中耕地占70％～90％，六车道高速公路则占地更多。以交通部编制的《中国公路网发展战略规划》为例，规划要在全国公路网中优先发展建设以高速公路和一级公路为主的国道主干线系统，该系统包括"五纵七横"十二条干线，总里程约3.5万km。由此，仅"五纵七横"国道主干线建设就将占用土地263万亩，其中耕地约210万亩。

普通公路与高速公路建设用地情况见表2-1。

普通公路与高速公路建设用地情况   表2-1

线路类别	通行能力（辆/d）	土地占用（hm^2/km）	单位能力占用土地（hm^2/万辆）
二级公路	15000	3.0415	2.03
一级公路	30000	6.3843	2.13
四车道高速公路	55000	7.4004	1.35
六车道高速公路	80000	8.2122	1.03

2.2.2.5 对景观环境的影响

包括对自然景观和人文景观所产生的影响。

2.2.3 对生态环境的影响

生态环境涉及的面广，内容极为丰富。生态环境是指生物本身的生存条件和生存环境，即生物赖以生存的物质基础。道路区域生态环境是在道路用地界内通过自然和人工综合恢复而形成的生态系统，与道路沿线乃至一定地区的生态环境有关联。道路建设运营对生态环境的影响主要包括：对植被和水土流失的影响，对农业土壤与农作物的影响，对水环境的影响，对野生动植物及其栖息地的影响。

2.2.3.1 对植被和水土流失的影响

在道路建设过程中，砍伐树木、填沟、开山等对原有自然生态环境造成破坏，会导致水土流失、山体滑坡；道路修建之处，直接破坏了原生植被，改变了地表土壤结构。降雨

14

时，由于土壤板结，形成全地表径流，造成严重水土流失。

路基开挖或堆填会改变局部地貌。在地质构造脆弱地带易引起崩塌、滑坡等地质灾害，在石灰岩地区易引起岩溶塌陷，在高寒山区易引起雪崩等灾害。

开挖路基有时会影响河流的稳定性。例如，大量弃土倾入河谷、河道，使河床变窄，易引发山洪、泥石流等灾害。

路面对植被的长期破坏，路基两侧对植被也造成一定影响，在生态系统脆弱的地区，植被破坏会加剧荒漠化或水土流失。

道路的建设对周围植被产生较大的破坏，特别是立交区，其边坡基本变为裸地，原有植物被彻底毁灭，未留下传播体。这类裸地上再形成植物群落只能靠外地传播植物种子或其他繁殖体。形成时间因气候、土壤等多方面原因而相差很大，需2～10年甚至更长。

在施工过程中，产生大量的路堑边坡和路堤护坡。路线施工中高填、深挖处的坡面，取、弃土场地以及暴露的工作面（见图2-1和图2-2），一方面，由于改变了原来的力学平衡，引起岩土移动、变形和破坏，增加了边坡的不稳定性，直接引起水土流失、山体崩塌、滑坡等灾害；另一方面，由于植被和表土损失，自然植被恢复困难，裸露的边坡不仅是形成降水汇流的特定边界条件和动力来源，而且使边坡土壤中的含水量降低，土质松软，易风化，成为水土流失的主要发生源。

图2-1　路基开挖　　　　　　　　　　　图2-2　取土场

2.2.3.2 对农业土壤与农作物的影响

公路多建于经济发达地区和城间地带，交通量较大，机动车废气对土壤的影响不容忽视。机动车废气会造成公路两旁土壤中氮氧化物、碳的氧化物和碳氢化合物含量明显增加，且距公路越近，含量越高。废气排出后，有相当数量的污染物沉积在道路两侧的农田中，随时间的推移，这种积累将会逐渐增加，严重时会影响农作物生长并使农产品中的有害物质含量增加，进而影响食用者的健康。

2.2.3.3 对水环境的影响

道路对水环境的影响在施工期和营运期都有发生，主要包括生活污水、洗车废水和路面径流三部分。道路沿河流修建或经过水库边和水源保护地，如果不采取相应的环境保护措施，就会对水环境产生污染和破坏。高速公路服务区、收费站或者管理所等设施会排出一定数量生活污水。如果服务区和养护工区设有洗车、修车、加油等服务，还会产生一定数量的含油废水。

对水环境的影响可以分施工期和营运期两个阶段来考虑。施工期主要包括桥梁施工对水环境的影响、施工人员生活污水和生活垃圾对水环境的影响、施工工区污水的影响等。营运期主要包括路面径流对水环境的影响，公路辅助设施内人员生活污水的影响，危险品运输风险事故对水环境的影响等。

2.2.3.4 对野生动植物及栖息地的影响

对野生动植物及栖息地的影响包括对各级人民政府批准的自然保护区、受国家保护的野生动植物，以及道路建设项目直接影响的其他自然植被、动物栖息地所产生的影响。这些影响包括：

(1) 改变生物群落、减少动物种群数目、造成动物迁移等，使自然生态平衡受到破坏。

(2) 干扰动物栖息环境，影响生物的生长，阻碍生态系统蔓延，改变野生动物的生息繁衍场所，不同程度地威胁到它们的生存和繁殖。

(3) 沿线地区的生态环境发生了变化，一些有特殊要求的生物和种群将向偏僻地方或其他地区迁徙。

(4) 使动物的活动区域缩小，领地被重新划分，导致种群内和种群间交流减少。

(5) 由于高速公路的阻隔，造成地表水及地下水径流方向改变，对水生生物及动物栖息方式产生影响。

(6) 由于汽车废气、噪声、有害物质的产生，会使生物栖息的生态环境逐渐恶化，引起生物发育不良、繁殖机能减退、疾病增多、抗病能力下降，从而造成种群数量减少，有时可能会影响整个生物群落。

2.2.4 对环境空气的影响

对环境空气质量的影响主要包括：施工期扬尘影响、施工期沥青烟气的影响、施工人员日常生活燃烧燃料的影响、公路运行车辆尾气排放的影响、公路运行车辆道路扬尘的影响、公路运营辅助设施内燃烧燃料的影响。施工期空气污染属于临时性的污染，此污染将随着施工的结束而消失。此处主要以营运期机动车尾气污染为主进行介绍。

道路投入运营以后，机动车在行驶过程中，使用化石燃料的发动机工作时排出的废气含有一氧化碳、碳氢化合物、氮氧化合物和铅微粒。机动车行驶过程中还不同程度地产生水蒸气，二氧化碳、甲烷、氮氧化物和臭氧等温室气体。国内外的试验研究已经确定，机动车尾气中，对人体健康有直接危害作用的为一氧化碳（CO）、二氧化氮（NO_2）、可吸入颗粒物（IP）和铅（Pb）等。同时，也发现上述污染物对其他动植物以及人类赖以生存的水、土等环境均有不同程度的不利影响。

2.2.4.1 一氧化碳（CO）

一氧化碳是一种无色无味有毒的窒息性气体。由于 CO 和血红蛋白的结合能力比氧气与血红蛋白的结合能力大 200～300 倍，它经人的呼吸进入肺部被血液吸收后，立即与血红蛋白结合生成碳氧血红蛋白（CO-Hb），使人体血液的携氧能力大大降低。容易造成低氧血症，导致组织缺氧，引起头痛、眩晕、恶心、呕吐、昏迷、窒息等症状。轻者使中枢神经系统受损，慢性中毒严重时会使心血管工作困难，使人死亡。不同浓度的 CO 对人体健康的影响如表 2-2。

不同浓度的 CO 对人体健康的影响（单位：mg/m³）　　表 2-2

CO 浓度	对人体健康的影响
5～10	对呼吸道疾病患者有影响
30	接触 8h，视力及神经机能出现障碍，血液中 CO-Hb=5%
40	接触 8h，出现气喘
120	接触 1h，中毒，血液中 CO-Hb>10%
250	接触 2h，头痛，血液中 CO-Hb=40%
500	接触 2h，剧烈心痛、眼花、虚脱
3000	接触 30min 即死亡

2.2.4.2　氮氧化物（NO$_X$）

NO$_X$ 是燃烧过程形成的多种氮氧化物的统称，包括 NO、NO$_2$、N$_2$O$_3$、N$_2$O$_5$ 等，主要是 NO 和 NO$_2$。NO 的毒性并不大，但高浓度的 NO 能引起神经中枢的障碍，且它很容易被氧化成剧毒的 NO$_2$。NO$_2$ 是棕褐色气体，有特殊的刺激性臭味，被吸入肺部后，能与肺部的水分结合生成可溶性硝酸，严重时会引起肺气肿。如大气中的 NO$_2$ 达到一定浓度后，就会对哮喘病患者有影响，在高浓度下，会使人处于危险状态。不同浓度的 NO$_2$ 对人体健康的影响如表 2-3 所示。此外，NO$_2$ 在大气中有可能参与一系列的化学反应形成光化学烟雾，降低能见度，它还易与大气中的水分发生化学反应产生硝酸烟雾，是产生酸雨的根源之一。

不同浓度的 NO$_2$ 对人体健康的影响（单位：mg/m³）　　表 2-3

NO$_2$ 浓度	对人体健康的影响
1	闻到臭味
5	闻到强臭味
10～15	10min 眼、鼻、呼吸道受到刺激
50	1min 内人呼吸困难
80	3min 感到胸痛、恶心
100～150	在 30～60min 内因肺水肿而死亡
250	很快死亡

2.2.4.3　碳氢化合物（HC）

机动车辆排气中所含的碳氢化合物有百余种，其中大部分对人体健康的直接影响并不明显，但它是发生光化学烟雾的重要物质。排气中对人体健康危害较大的碳氢化合物主要是醛类（甲醛、丙烯醛，如表 2-4）和多环芳烃（苯并 [a] 芘等）。甲醛和丙烯醛对鼻、眼和呼吸道黏膜有刺激作用，可导致结膜炎、鼻炎、支气管炎等症状，它们都有难闻的臭味。甲醛刺激阈的主观指标为 2.4mg/m³，当空气中的甲醛浓度为 5mg/m³ 时，接触的人会立即出现血压降低倾向。甲醛还有过敏作用，使人发生过敏反应。苯并 [a] 芘是一种强致癌物质。

汽车尾气排放的醛类 表 2-4

名　称	组分（%）	名　称	组分（%）
甲醛	60～73	丁烯醛	0.4～1.4
乙醛	7～14	戊醛	0.4
丙醛	0.4～16	苯甲醛	3.2～8.5
丙烯醛	2.6～9.8	甲苯醛	2～7
丁醛	1～4	其他	0～10

2.2.4.4　光化学烟雾

光化学烟雾是空气中具有一定浓度的 HC 和 NO_X 在太阳紫外线的照射下，进行一系列的光化学反应形成的一种毒性较大的淡蓝色烟雾。它是 O_3、NO_2、过氧化酰基硝酸盐、硫酸盐、颗粒物、还原剂等的混合物。光化学烟雾中的甲醛、丙烯醛和过氧化酰基硝酸盐对人的眼睛有刺激作用。O_3 是强氧化剂，可以危害人体健康，使植物变黑直至枯死，损害有机物质（橡胶、棉布、尼龙和树脂等）。不同浓度的 O_3 对人体健康的影响如表 2-5。

不同浓度的 O_3 对人体健康的影响（单位：mg/m^3） 表 2-5

O_3 浓度	对人体健康的影响
0.02	开始闻到臭味
0.2	1h 感到胸闷
0.2～0.5	3～6h 视力下降
1	1h 气喘，2h 小时头疼、胸痛
5～10	全身疼痛、麻痹、引起肺气肿
50	30min 即死亡

2.2.4.5　二氧化硫

SO_2 是一种无色气体，易溶于水。在大气环境中可与氧反应生成 SO_3。SO_2 和 SO_3 与湿空气中的水蒸气反应可形成亚硫酸（H_2SO_3）和硫酸（H_2SO_4），在以酸雨形式落到地表之前，可在风的作用下迁移数百公里。一般来讲，柴油车排气中的 SO_2 含量要比汽油车多得多。

空气中 SO_2 浓度达 $1～3mg/m^3$ 时，大多数人都会有感觉，当浓度高一些时便感觉有刺鼻的气味。由于 SO_2 的较高可溶性，大部分可以被鼻腔和上呼吸道吸收，很少达到肺部。SO_2 对植物也有危害，例如，温州蜜橘开花期受浓度 $8.58mg/m^3$ 的 SO_2 影响 6h 便产生伤害症状，在果实成熟期受浓度 $14.3mg/m^3$ 的 SO_2 影响 24h 便产生症状。

2.2.4.6　颗粒物

颗粒物对人体健康的危害与颗粒物的粒径大小和组成有关。颗粒越小，悬浮在空气中的时间越长，进入人体肺部后停止在肺部及支气管中的可能性越大，危害越大。

小于 $0.1\mu m$ 的颗粒能在空气中作布朗运动，进入肺部并附着在肺部细胞组织中，有些还会被血液吸收。$0.1～0.5\mu m$ 的颗粒能深入肺部并粘附在肺叶表面的黏液中，随后会被绒毛所清除。大于 $0.5\mu m$ 的颗粒常在鼻孔处受阻，不能深入呼吸道，大于 $10\mu m$ 的颗粒可以排出体外。

颗粒物除对人体呼吸系统有害外，由于颗粒存在空隙而能粘附 SO_2、HC、NO_2 等有毒物质或苯并 [a] 芘等致癌物质，因而可以对人体造成更大危害。柴油机排放的颗粒大多小于 $0.3\mu m$，而且数量比汽油车高出 $30\sim60$ 倍，成分也更为复杂，因此柴油机排出的颗粒危害更大。

2.2.5 对环境噪声的影响

声音超过人们生活和生产活动所容许的程度就成为噪声污染。道路由于车速高、交通量大，所产生的交通噪声会对沿线人群和环境造成一定的负面影响，有些地区的影响还很严重。噪声不仅能够对人体产生危害，引起听力损失，干扰正常的生活和工作，还会对语言通信、仪器设备和建筑物产生影响。

2.2.5.1 噪声引起听力损伤

人们长期接触强噪声会引起听力损伤，其损伤程度表现为以下几类：

（1）听觉疲劳

在噪声作用下，听觉敏感性降低，表现为听阈提高约 $10\sim15$dB，但离开噪声环境几分钟即可恢复，这种现象称为听觉适应；当听阈提高 15dB 以上时，离开噪声环境很长时间才能恢复，这种现象就叫做听觉疲劳，已属于病理前期状态。

（2）噪声性耳聋

根据国际标准化组织（ISO）1964 年的规定，500Hz、1000Hz、2000Hz 3 个频率的平均（算术平均）听力损失超过 25dB 称为噪声性耳聋。

（3）爆发性耳聋

当声音很大时（如爆炸、炮击），耳鼓膜内外产生较大压差。导致鼓膜破裂，双耳完全失聪。当噪声级超过 130dB 时，一定要带耳塞，或把嘴张大，以防止鼓膜破裂。

2.2.5.2 噪声对人体健康的影响

（1）对视觉的影响

在噪声作用下会引起视觉分析器官功能下降，视力清晰度及稳定性下降。130dB 以上的强噪声会引起眼睛震颤及眩晕。

（2）对神经系统的影响

在噪声长期作用下会导致中枢神经功能性障碍，表现为植物神经衰弱、头疼、头晕、失眠、多汗、乏力、恶心、心悸、注意力不集中、记忆力减退、惊慌、反应迟缓等症状。经过对几万名暴露在噪声中工作的职工的调查表明，噪声强度越大，神经衰弱症的发病率越高。

（3）对消化系统的影响

强噪声作用于中枢神经，往往引起消化不良及食欲不振，从而导致胃肠病发病率升高。

（4）对心血管系统的影响

噪声会使交感神经紧张，引起心跳过速、心律不齐、血压升高等症状。根据调查，在高噪声环境下作业的人们，如钢铁工人和机械工人的心血管发病率比在安静环境下工作的要高。

19

当然，引起某种慢性机能性疾病的原因是多方面的。噪声对引起的上述疾病的危害程度，目前了解得还不清楚。一般地讲，噪声级在90dB以下时，对人的生理机能影响不会很大。

2.2.5.3 噪声对正常生活和工作的影响

噪声影响人的正常生活，妨碍休息和睡眠，使人感到烦躁，这种影响对老人、病人更加明显。研究表明，在40~50dB的噪声刺激下，睡着人的脑电波开始出现觉醒信号，这就是说40~45dB的噪声就会干扰人的正常睡眠；对于突发性的噪声，在40dB时可以使10%的人惊醒，60dB则使70%的人惊醒。

强噪声不仅使作业者增加生理负担，而且使作业者神经紧张、心情烦躁、注意力不集中、容易疲劳，进而影响工作效率。

噪声分散人的注意力，影响工作的质量，也容易引起工伤，它给人们和社会带来的损失是十分巨大的。据世界卫生组织估计，仅美国由于工业噪声造成的低效率、缺勤、工伤事故和听力损失赔偿等费用，每年高达40亿美元。

2.2.5.4 噪声对语言通信的影响

噪声对人的语言信息具有掩蔽作用。由于语言的频率范围多数为500~2000Hz，所以500~2000Hz的噪声对语言的干扰最大。

通常普通谈话声（距唇部1m处）约在70dB以下，大声谈话可达85dB以上，当噪声级低于谈话声级时谈话才能正常进行。电话通信对声环境的要求更严格，电话通信的语音为60~70dB，在50dB的噪声环境下通话清晰可辨，大于60dB时通话便受阻。

2.2.5.5 噪声对仪器设备和建筑物的影响

特强的噪声会使仪器设备失效，甚至损坏。对于电子仪器，当噪声级超过130dB时，由于连接部位振动而产生松动、抖动或移位等原因，使仪器发生故障而失效；当噪声级超过150dB时，因强烈振动而使一些电子元件失效或损坏。当噪声级超过140dB时，强烈的噪声对轻型建筑物开始起破坏作用。

2.3 公路工程环境影响分析示例

2.3.1 公路建设主要工程活动

公路建设主要工程活动及可能产生的环境问题见表2-6。

公路建设主要工程活动及环境问题 表2-6

内　容		环　境　问　题	
		施工期	运营期
主体工程	路线	占地、移民、生态破坏	噪声、大气污染
	隧道	弃土、水土流失、弃渣	空气质量（隧道）
	大型桥梁	城市取水影响	
	大型互通立交	噪声、扬尘对城市影响	
		生态影响	

20

内　容		环　境　问　题	
		施工期	运营期
辅助工程	服务区（加油、饮食）	生态破坏、水土流失、移民	废水、垃圾
	施工便道	生态破坏、水土流失	土地恢复
	取料场	生态破坏、水土流失	耕地恢复
储运工程	储料场	生态破坏、沥青烟	恢复措施
	沥青站	噪声	
	运输		噪声、扬尘
办公及生活设施	管理站	生态破坏、水土流失	废水、垃圾
	收费站		

2.3.2　公路建设的主要环境影响

公路工程的环境影响是多方面的，最重要的是对视觉景观、空气质量、交通运输、噪声、社会经济、水质和野生生物的影响。高速公路可以刺激或诱发其他活动（继发性影响），如加速土地开发或社会经济活动方式的变化。继发性影响往往比原发性影响更为深刻广泛，例如公路建设对有关地区今后的人口增长和经济发展就有显著的影响。

2.3.2.1　视觉影响

通常人们所关心的是公路建设项目是否妨碍视野，即是否能看到居民区和游览区的标志地物，是否影响以景观获利的商业活动。高路堤或高架公路限制了毗邻城市的发展，减小了居民区和游览区的视野，造成原有植被与新栽植被之间、风景区之间、自然地形与公路结构之间、现有建筑与公路建筑之间的不和谐。

2.3.2.2　空气质量

其影响包括：公路沿线植被和建筑结构上覆盖的尘土；覆盖在道路两侧的植被和建筑物上的颗粒物；由于交通量增加而产生的烟雾，机动车的烟尘和臭气（如汽车尾气和橡胶气味）。

2.3.2.3　交通影响

其影响包括：公路穿越、阻断或损害现有街道的交通；把原来单一性土地使用区和功能区如农业区、游览区、野生生物居住区分割成几块；施工期间运输车辆的运输量增加；以前不通车的地区在公路建成后可以通车；改善郊区交通，促进郊区工商业发展；增加当地的交通运输量和相应的服务性设施。

2.3.2.4　交通噪声

其影响包括：干扰道路周围需要安静环境的娱乐活动；影响文化、教育、医疗机构的活动；影响需要安静环境的商业贸易活动；影响公路两侧的住宅开发。

2.3.2.5　社会经济

其影响包括：住宅、工业、商业的迁移，破坏名胜古迹，失去一些适合工商业活动的地点，实际所需迁移费大于提供的补偿费，隔断被迁居民与原地区居民的联系（家庭联系、宗族联系或邻居朋友联系）。

2.3.2.6 水质

其影响有下列一项或多项：公路工程在建设和保养期间对土壤的侵蚀，导致附近河流和水库水质混浊及泥沙沉积，从而缩短水库和河道的使用期或增加管理费用，损害鱼和其他水生生物，可能损伤建筑物、道路和桥梁的地基；由于公路系统的介入和在港湾地带、沼泽、河流等处修建公路，可导致流域分界线的改变，特别是港湾地带。水流自然状况的破坏可以影响重要的生态因子，如沉积类型，淡水和咸水混合，养分流失，水生鱼、贝壳等野生生物以及局部植被等；公路地表径流含有油、沥青、杀虫剂、肥料、防冻盐、人畜排泄物及燃烧产物等，会影响水质和野生生物；来自临时性和永久性废物处理设备的废物可以影响局部水系的水质；地面水和地下水补给区受公路建设期内和使用期内堆放的污染物的污染，从而增加补给水中的污染物浓度。

2.3.2.7 野生生物

其影响包括：特有的或高产量的野生生物，鱼或水生贝壳类动物栖息地的丧失或退化，野生生物回游和迁徙路线的割断，野生生物向其他地带迁移，阻断水生生物的迁移或回游，影响毗邻地区的野生生物。

2.3.3 公路工程污染因素分析的主要内容

在上述影响分析的基础上，工程污染因素的分析应包括路线的生态分割，路基占地、土石方量，桥梁、隧道、服务区及管理设施，施工道路和施工场地的施工方式、土石方量，渣场的布置，生态恢复以及废水、废气、固体废弃物的处理等。也可以分别对施工期和运营期进行工程分析。

施工期工程污染因素分析包括：

（1）征地拆迁数量、安置方式及对居民生活质量的影响分析；

（2）土石方平衡情况和取弃土场影响分析；

（3）主要材料来源、运输方式及主要料场可选择方案影响分析以及施工车辆和设施噪声影响分析；

（4）特大及大形桥梁结构形式、施工工艺可选择方案和关键施工环节影响分析；

（5）路基路面施工作业方式、拌和场生产工艺影响分析以及施工车辆和机械设备影响分析；

（6）隧道施工工艺可选择方案和废渣、废水处置方式影响分析；

（7）施工场地规模和选址，生活垃圾和生活污水处置方式影响分析；

（8）路基、施工场地和取弃土场水土流失影响分析；

（9）特殊路段工程特点及影响分析。

运营期工程污染因素分析包括：

（1）汽车尾气和交通噪声污染影响分析；

（2）事故污染风险分析；

（3）路面汇水对路侧敏感地表水体影响分析；

（4）对景观及居民交通便利性影响分析；

（5）对区域经济发展影响分析；

（6）附属服务设施产生的废水、废气、固体废弃物污染影响分析；

（7）对基础设施、当地产业及生活方式、资源开发等影响分析。

工程污染因素分析应给出拆迁安置方式的可行性定性分析意见，取弃土场的选择要求，施工场地选择的原则要求，施工期临时水土保持防护措施要求，附属服务设施布设及生活污水等处理要求。

2.4 特殊需要保护地区的环境影响分析

2.4.1 环境敏感地区

从环境功能要求来说，是指城镇集中生活的居民区、水源保护区、名胜古迹区、风景游览区、温泉、疗养区和自然保护区。

从环境质量现状来说，是指环境污染负荷大、环境质量现状已接近或超过质量标准的地区。

从环境的稀释、扩散和自净能力来说，是指水文条件复杂（包括水量少、水质差、水体交换缓慢，各水期水量相差悬殊等）或气象条件不利（包括风速小、静风频率大、逆温持续时间长不利于烟气扩散）或处于地形复杂的山谷、海口、河口等地区。

除以上所述地区以外的具有一般环境条件的地区，属于非环境敏感地区。

2.4.2 环境敏感点

环境敏感点是针对具体目标而言的，通常分为声环境、环境空气、生态环境、水环境、社会环境等各类环境敏感点，其具体特指范围如下：

（1）声环境敏感点是指学校教室、医院病房、疗养院、城乡居民点和有特殊要求的地方。

（2）环境空气敏感点是指省级以上政府部门批准的自然保护区、风景名胜区、人文遗迹以及学校、医院、疗养院、城乡居民点和有特殊要求的地区。

（3）生态环境敏感点主要是指各类自然保护区、森林公园以及成片林地与草原等。

（4）水环境敏感点主要是指河流源头、饮用水源、城镇居民集中饮水取水点、瀑布上游、温泉地区、养殖水体等。

（5）社会环境敏感点主要是指重要的农田水利设施、规模大的拆迁点、文物、遗址保护点等。

2.4.3 各类环境敏感点的绕避距离

各类环境敏感点的绕避距离具体要求如下：

（1）公路中心线距声环境敏感点的距离应大于 100m，其中距学校教室、医院病房、疗养院宜大于 200m。

（2）公路中心线位距环境空气敏感点的距离，当执行环境空气一级标准时，应大于100m。沥青混合料及灰土搅拌站的厂址应设立在环境空气敏感点的主导风向的下风向一侧，且距离不宜小于 300m。

（3）公路中心线位距生态环境敏感点（针对省级以上自然保护区而言）边缘的距离不宜小于100m。

（4）公路中心线位距地表水环境质量标准为I—III类水质的水源地应大于100m。当路基边缘距饮用水体小于100m时，距养殖水体小于20m时，应采取隔离防护措施。

（5）桥位轴线距自来水厂取水口上游应大于1000m，距下游应不小于100m。

第3章 道路交通污染调查

3.1 环境现状调查

环境现状调查是开展道路交通环境保护工作的基础。虽然不同的环保专题要求的调查内容不同，但其调查目的都是为了掌握环境质量现状或本底，为环境影响预测、评价以及环境管理提供基础数据。环境现状调查的一般原则是根据项目所在地区的环境特点，确定各环境要素的现状调查的范围，筛选出应调查的有关参数。原则上调查范围应大于评价区域，对评价区域以外的附近地区，若有重要的污染源时，调查范围还应适当放大。环境现状调查应首先收集现有资料，经过认真分析筛选，择取可用部分。若这些引进资料不能满足需要时，再进行现场调查或测试。环境现状调查中，对与评价项目有密切关系的部分应全面详细，尽量做到定量化；对一般自然环境和社会环境的调查，若不能用定量数据表达时，应作详细说明，内容也可适当调整。

3.1.1 环境现状调查的方法

环境现状调查方法主要有三种，即收集资料法、现场调查法和遥感调查法。这三种调查方法互相补充，在实际调查工作中，应根据具体情况加以选择运用。表3-1对这三种方法进行了分析比较。

环境现状调查三种方法的比较   表3-1

序　号	调查方法	主要特点	主要局限性
1	收集资料法	应用范围广，收效大，较节省人力、物力和时间	只能获得第二手资料，往往不全面，需要补充
2	现场调查法	直接获取第一手资料，可弥补收集资料法的不足	工作量大，耗散人力、物力和时间，往往受季节、仪器设备条件的限制
3	遥感调查法	从整体上了解环境特点，特别是人们不易开展现场调查地区的环境状况	精度不高，不适用于微观环境状况调查，受资料判读和分析技术制约

3.1.1.1 收集资料法

收集资料法是环境现状调查中普遍应用的方法，这种方法应用范围广且收效较大，比较节省人力、物力和时间，应优先选用。一般来说，应从有关的权威部门中获得现有的、能够描述环境现状的各种相关资料。但如果用这种方法获得的资料与调查主观不符，或资料质量不符合要求，就需要用其他调查方法来加以补充和完善，以获得满意的调查结果。

3.1.1.2 现场调查法

现场调查法可以针对调查者的主观要求，在调查时空范围内直接获得第一手的数据和资料，以弥补收集资料法的不足。但这种调查方法工作量大，需要消耗较多的人力、物力、财力和时间，且有时还受到季节、仪器设备等客观条件的制约。虽然这种调查方法存在上述缺点和困难，但它所获得的数据和资料都是第一手的，可作为收集资料法的补充和验证。因此，实际中这种调查方法经常被使用。

3.1.1.3 遥感调查法

遥感调查法可以从整体上查看一个地区的宏观或中观的环境状况，特别是可以弄清人们无法或不易到达的地区的环境特征。比如，大面积的森林、草原、荒漠、海洋等特征，以及大面积的山地地形、地貌状况等。但用这种调查方法获得的数据和资料没有用前两种调查方法获得的数据和资料那样准确。因此，这种调查方法不适用于微观环境的调查，一般只用于大范围的宏观环境状况的调查，是一种辅助性的调查方法。即使使用这种方法进行环境现状调查，绝大多数情况下也不使用直接飞行拍摄的方法，而只是判读或分析已有的航片或卫星影像。

3.1.2 环境现状调查的主要内容

公路建设项目环境现状调查的主要内容包括：地理位置；地貌、地质和土壤状况，水系分布和水文状况，气候与气象；矿藏、森林、草原、水产、野生动植物、农产品、动物产品等情况；大气、水、声、土壤等环境质量现状；环境功能情况（特别注意环境敏感区）及重要的政治文化设施；社会经济情况。

3.1.2.1 自然环境调查

（1）地理位置

项目所处的经纬度、行政区位置和周边道路交通条件，要说明项目所在地与主要城市、车站、码头、港口、机场等的距离和交通条件，并附地理位置图。

（2）地质

一般情况下，只需要根据现有资料，选择下述部分或全部内容，概要说明当地的地质状况：当地地层概况、地壳构造的基本形式（岩层、断层及断裂等）及与其相应的地貌表现、物理与化学风化情况、当地已探明或已开采的矿产资源情况。

若项目规模较小且与地质条件无关，则地质现状可不说明。若评价与地质条件密切相关的项目的环境影响，则需对与项目有直接关系的地质构造，如断层、断裂、坍塌、地面沉陷等，进行较为详细的说明。一些危害特别大的地质现象，如地震，也应加以说明。必要时，应附图辅助说明。若没有现成的地质资料，则应做一定的现场调查。

（3）地形地貌

一般情况下，只需根据现有资料，简要说明下述部分或全部内容：项目所在地区的海拔高度，地形特征（即高低起伏状况），周围的地貌类型（山地、平原、沟谷、丘陵、海岸等）以及岩溶地貌（或冰川地貌、风成地貌等）的情况。崩塌、滑坡、泥石流、冻土等有危害的地貌现象，当对项目没有直接或间接威胁时，可概要说明其发展情况。若无可查资料，则需做一些简单的现场调查。

当地形地貌与项目密切相关时，除应比较详细地说明上述部分或全部内容外，还应附项目周围地区的地形图。特别应详细说明可能对项目有直接危害或由项目建设诱发的地貌现象的现状及发展趋势，必要时还应进行一定的现场调查。

（4）气候与气象

项目所在地区的主要气候特征，年平均风速和主导风向，年平均气温，极端气温与月平均气温（最冷月和最热月），年平均相对湿度，平均降水量、降水天数，降水量极值，日照，主要的天气特征（如梅雨、寒潮、雹和台、飓风）等。

若需进行项目的大气环境影响评价，则除应详细说明上面部分或全部内容外，还需根据《环境影响评价技术导则　大气环境》HJ/T 2.2—93中的相关规定（如地面风场），增加有关内容。

（5）地面水环境

若项目不进行地面水环境的单项影响评价，则应根据现有资料选择下述部分或全部内容，概要说明地面水状况：地面水资源的分布及利用情况，地面水各部分（河、湖、库等）之间及其与海湾、地下水的联系，地面水的水文特征及水质现状，以及地面水的污染来源等。

若项目建在海边又无需进行海湾的单项影响评价，则应根据现有资料选择下述部分或全部内容概要说明海湾环境状况：海洋资源及利用情况、海湾的地理概况、海湾与当地地面水及地下水之间的联系、海湾的水文特征及水质现状、污染来源等。

若需进行项目的地面水（包括海湾）环境影响评价，则除应详细地说明上面的部分或全部内容外，还需根据《环境影响评价技术导则　地面水环境》中的相关规定，增加有关内容。

（6）地下水环境

若项目不进行与地下水直接有关的环境影响评价，则只需根据现有资料，部分或全部地概要说明下列内容：地下水的开采利用情况、地下水埋深、地下水与地面水的联系、水质状况以及污染来源。

若需进行地下水环境影响评价，则除比较详细地说明上述全部内容外，还应根据需要，选择以下内容进一步调查说明：水质的物理、化学特性，污染源情况，水的储量与运动状态，水质的演变与趋势，水源地及其保护区的划分，水文地质方面的蓄水层特性，承压水状况等。当资料不全时，应进行现场采样分析。

（7）大气环境

如果项目不进行大气环境的单项影响评价，应根据现有资料，简要说明下述部分或全部内容：项目周围地区大气环境中主要的污染物质及其来源、大气环境质量现状。

如需进行项目的大气环境影响评价，除应详细说明上面部分或全部内容外，还需根据《环境影响评价技术导则　大气环境》HJ/T 2.2—93的规定，增加有关内容。

（8）土壤与水土流失

若项目不进行与土壤直接有关的环境影响评价，则只需根据现有资料，部分或全部地概要说明下列内容：项目周围地区的主要土壤类型及其分布、土壤的肥力与使用情况、土壤污染的主要来源及其质量现状、项目周围地区的水土流失现状及原因等。

若需要进行土壤环境影响评价，则除比较详细地说明上述部分或全部内容外，还应根据需要选择以下内容进一步调查说明：土壤的物理化学性质，土壤结构，土壤一次、二次污染状况，水土流失的原因、特点、面积、元素及流失量等，同时要附土壤图。

（9）动植物与生态

若项目不进行生态影响评价，但如果项目规模较大，则应根据现有资料概要说明下列部分或全部内容：项目周围地区的植被情况（覆盖度、生长情况），有无国家重点保护的或稀有的受危害的或作为资源的野生动植物，当地的主要生态系统类型（森林、草原、沼泽、荒漠等）及现状。如果建设项目规模较小且又不进行生态影响评价，这一部分就可不说明。

若需进行生态影响评价，则除应详细地说明上面全部或部分内容外，还应根据需要选择以下内容进一步调查说明：本地区主要的动植物清单，生态系统的生产力，物质循环状况，生态系统与周围环境的关系以及影响生态系统的主要污染来源。

（10）噪声

若项目不进行噪声环境的单项影响评价，则一般可不说明环境噪声现状。若需进行此类评价，则应根据噪声影响预测的需要决定现状调查的内容。

3.1.2.2 社会环境调查

（1）社会经济

主要根据现有资料，结合必要的现场调查，简要说明下列部分或全部内容：

1）人口。包括居民区的分布情况及分布特点、人口数量和人口密度等。

2）工业与能源。包括建设项目周围地区现有厂矿企业的分布状况、工业结构、工业总产值及能源的供给与消耗方式等。

3）农业与土地利用。包括可耕地面积，粮食作物与经济作物构成及产量，农业总产值以及土地利用现状。若建设项目需进行土壤与生态环境影响评价，则应附土地利用图。

4）交通运输。包括建设项目所在地区公路、铁路或水路方面的交通运输概况，以及与建设项目之间的关系。

（2）文物与"珍贵"景观

文物指遗存在社会上或埋藏在地下的历史文化遗物。一般包括具有纪念意义和历史价值的建筑物，遗址，纪念物或具有历史、艺术、科学价值的古文化遗址，古墓葬，古建筑，石窟寺，石刻等。

"珍贵"景观一般指具有珍贵价值的必须保护的特定的地理区域或现象。如自然保护区、风景游览区、疗养区、温泉以及重要的政治文化设施等。

若不进行文物或"珍贵"景观的影响评价，则只需根据现有资料，概要说明下述部分或全部内容：项目周围具有哪些重要文物与"珍贵"景观，文物或"珍贵"景观和项目的相对位置和距离，文物或"珍贵"景观的基本情况以及国家或当地政府的保护政策和规定。

若项目需进行文物或"珍贵"景观的影响评价，则除应较详细地说明上述内容外，还应根据现有资料结合必要的现场调查，进一步说明文物或"珍贵"景观对人类活动敏感部分的主要内容。这些内容包括：易受哪些物理、化学或生物的影响，目前有无已损害的迹象及其原因，主要的污染或其他影响的来源，景观外貌特点，自然保护区或风景游览区中珍贵的动植物种类以及文物或"珍贵"景观的价值（包括经济的、政治的、美学的、历史的、艺术的和科学的价值等）。

（3）人群健康状况

当项目规模较大且拟排放污染物毒性较大时，应进行一定的人群健康调查。调查应根据环境中现有污染物和项目将排放的污染物的特性选定指标。

（4）其他

根据当地环境情况及项目特点，决定电磁波、振动、地面下沉等项目是否需要调查。

3.1.2.3 交通污染源调查

（1）污染源的概念

污染源是指造成环境污染的污染物发生源，即指向环境排放或者释放有害物质或者对环境产生有害影响的场所、设备和装置。在开发建设和生产过程中，凡以不适当浓度、数量、速率进入环境系统而产生污染或降低环境质量的物质和能量称为污染物。污染源向环境中排放污染物是造成环境问题的根本原因。

（2）污染源的分类

由于污染物的来源、特性、结构形态等不尽相同，因此污染源分类系统也不一样。不同的污染源类型，对环境的影响方式和程度也不同。

1）按污染物的来源分类

①自然污染源：可分为生物污染源（如寄生虫、病原体等）和非生物污染源（如火山、地震、泥石流岩石等）。

②人为污染源：可分为生产性污染源（如工业、农业、交通运输和科研实验等）和生活污染源（如住宅、旅游、宾馆、餐饮、医院、商业等）。

2）按污染源对环境要素的影响分类

①大气污染源：按污染源的形式可分为高架源、地面点源、线源和面源，也可以按照移动性划分为固定源（锅炉房等）和移动源（汽车等）。

②水体污染源：按受影响的对象可分为地表水污染源、地下水污染源与海洋污染源等，按源的形式可分为点源和非点源（或面源）。

③土壤污染源。

④生物污染源：按受污染对象可分为农作物污染源、动物污染源、森林污染源等。

3）按生产行业分类

在人为污染源中，又可根据污染源产生污染物的特性不同，将污染源分为四大类。

①工业污染源：包括冶金、动力、化工、造纸、纺织印染、食品等工业。

②农业污染源：包括农药、化肥、农业废弃物等。

③生活污染源：包括住宅、医院、饭店等。

④交通污染源：汽车、火车、飞机、轮船等。

（3）污染源调查

一般把获得污染源资料的过程称为污染源调查。要了解环境污染的历史和现状，预测环境污染的发展趋势，污染源调查是一项必不可少的工作。通过调查，掌握污染源的类型、数量及其分布，掌握各类污染源排放污染物的种类、数量及其随时间变化状况。再在调查的基础上，经过计算分析，对污染源作出评价，确定一个区域内的主要污染源和主要污染物。然后提出切合实际的污染控制和治理方案。因此，污染源调查是环境评价工作的基础。

（4）交通污染源调查的内容

交通污染源包括汽车、飞机、船舶、火车等。它所排放的污染物有：行驶时排出的废气、发出的噪声，运载泄漏的有毒、有害物质或清洗时的污尘、污水，运行途中泄漏的机油、燃油等。

1）噪声的调查：调查内容包括车辆种类、数量、交通流量，路面级别、两侧设施和绿化情况，噪声的时空分布、噪声等级等。

2）尾气调查：调查内容包括车辆（飞机、船舶）的种类、数量、年耗油量、单耗油指标、燃油构成成分（汽油、柴油，有铅、无铅、硫）、排气量、排气成分。

3）对汽车场和火车车辆段洗车厂排放废水水质、水量的调查等。

4）事故污染调查：历史上污染事故发生次数，事故原因，事故情况和后果。

在开展各种污染源调查时，应同时调查污染源周围自然环境和社会环境，前者包括地质、地貌、水文、水质、气象、空气质量、土壤、生物、社会经济状况（不是自然环境）等，后者包括居民区、水源地、风景区、名胜古迹、工业区、农业区、林业区等。

3.2 噪声污染调查

3.2.1 调查所需仪器

3.2.1.1 声级计

声级计是一种能够把工业噪声、生活噪声和车辆噪声等按人耳听觉特性近似地测定其噪声级的仪器。噪声级是指用声级计测得的并经过听感修正的声压级（dB）或响度级（方）。

声级计是在噪声测量中最基本和最常用的一种便携式声学仪器，它的声学指标必须符合国际电工委员会（IEC）规定标准。声级计主要由传声器、放大器、衰减器、计权网络、检波器和读数显示组成。另外，有的声级计还有信号输出，供记录、录音、分析和计算机对信号贮存等应用。

IEC-651 标准和国标 GB 3785—83 把声级计分为 O 型（实验室标准）和 Ⅰ、Ⅱ、Ⅲ型，见表 3-2。在环境噪声的测量中，主要用Ⅰ型（精密级）和Ⅱ型（普通级）。国标 GB/T 14623—93 规定，用于城市区域环境噪声测量的仪器精度为Ⅱ型以上的声级计。

声级计分类及用途　　　　　　　　　　　　　　　　　　　　表 3-2

类　　型	精密声级计		普通声级计	
	O 型	Ⅰ 型	Ⅱ 型	Ⅲ 型
精度	0.4dB	0.7dB	1dB	1.5dB
主要用途	实验室标准仪器	声学研究	现场测量	监测、普查

图 3-1 是便携式声级计，图 3-2 是和计算机实现通信的 HS5670B 型积分声级计。

3.2.1.2 标准声压源

在利用声级计测量噪声的时候，为了保证测量的准确性和可靠性，需要对声级计进行校准。校准时常用的仪器是声校准器，图 3-3 就是一种多功能声校准器。校准时将其与声级计相连接，按着操作程序进行校准，校准后方可测量。

图 3-1　便携式声级计

图 3-2　HS5670B 型积分声级计

图 3-3　多功能声校准器

图 3-4　噪声频谱分析仪

3.2.1.3　信息记录和处理设备

记录设备主要用于噪声的现场记录以及噪声取样，便于室内分析处理。目前，传统的室内后处理分析的部分工作正由外业实时处理系统取代。

（1）噪声记录仪：如磁带机、录音机等，主要用于现场监测和模型试验的噪声取样和记录。现在的声级计一般都配有专用的微型打印机，可以存储和打印测量数据，也可以和计算机实现通信，在计算机上通过专用软件进行数据的分析处理。

（2）频谱分析仪：该仪器可以在室内对噪声进行频率特性分析，获取声样的频谱特性，生成频谱图。图 3-4 就是一种噪声频谱分析仪。

（3）实时分析仪：在现场实时测定各个倍频带的声级及其变化，测量计权声级和包括 L_{eq} 在内的各种统计声级等。

3.2.2　车辆行驶噪声的测量

车辆行驶噪声的测量方法基本按照我国 1979 年颁布的《机动车辆噪声测量方法》GB 1496—79 进行。测量场地布置见图 3-5，两侧测点处声级计的传声器距行车线 7.5m，距地面高 1.2m。车辆以某一速度匀速驶过测点时两侧声级计记录下噪声级（A 计权声级）及频谱。每种车速下往返各测一次，然后计算各种车速下的平均噪声级。

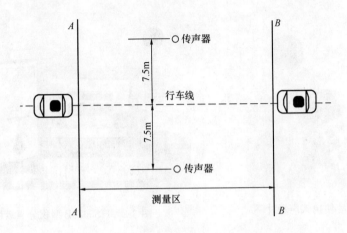

图 3-5　车辆噪声测量场地布置示意图

3.2.3　道路交通噪声监测

为了有效地反映道路交通噪声污染的真实状况，需要对评价范围、监测点、监测时间、时段长度进行有效和科学的整体规划和设计。在对某一地点或地区的道路交通噪声污染状况进行评价之前，首先需根据当地环境噪声控制标准的要求，确定评价指标、监测指标、布点密度和布点方案，同时进行布点和噪声测量方案的设计。道路噪声调查的一般步骤如下。

3.2.3.1　评价区基本情况调查

为了科学正确地制定满足评价要求的监测方案，需要对评价区的基本情况进行调查，以掌握评价区的基本情况，初步确定该评价区的主要噪声来源、种类以及交通噪声的主要污染路段和区域。为制定噪声监测与评价方案而需进行的基本情况调查内容包括：

（1）评价区内的交通设施调查。包括全市（评价区内）交通固定设施的类型、等级与分布，道路，停车场，车站及交通枢纽等。

（2）运输工具的调查。包括评价区内交通方式的组成形式，机动车保有量，外地车数量，机动车的分类情况等。

（3）交通调查。包括主要污染路段的交通流量调查（包括各主要路段的高峰小时交通量、日平均交通量和变化特征等）、车速调查以及交叉口调查（延误）等。目的是分析调查区内道路交通噪声同机动车交通流特性之间的关系等。

（4）受影响区的不同时间段的噪声暴露的人口数、年龄、职业结构及其分布规律，用于评价交通噪声影响的人群范围等。

（5）调查区的经济发展水平、用地现状与规划、产业结构等，主要用于预测未来交通量增长。

（6）在调查前要充分收集已有的调查、监测及评价资料。

3.2.3.2　噪声调查

道路交通噪声调查首先需要进行走访了解和初步调查。然后在此基础上进行定量调查。定量调查的基本工作包括：

（1）布点

道路交通噪声调查布点方案将决定调查成果的质量和调查成本。噪声监测点布设的主要原则是：

1）重点布置在噪声敏感地带和敏感点处。如穿过办公区的主要道路两侧、居民点、学校以及部分临街的室内。

2）重点布置在噪声最大的路段以反映道路交通噪声污染的程度。

3）城市交通环境噪声测量也可考虑使用网格布点方案，但应进行网格布点数研究。其目的是为了在测量误差允许的范围内，探求以最少的网格点数来正确反映环境噪声的污染情况，降低调查成本。国内在这方面已有一些研究成果。根据环境噪声测试规范的规定，测点选在各网格中央，话筒高度为 1.2～1.5m 且各测点要求与建筑物的距离在 2m 以上。网格划分通常为 100m×100m 或 200m×200m。

（2）测量时间

确定监测时段时应考虑评价目的，主要选休息和需要安静工作的时段，同时也要考虑噪声最大的时段。例如测量时段可为上午 8：30～11：30 或下午 14：30～17：00，测量结果用于代表白天环境噪声级；选择 22：30～晨 5：00 这一测量时段内的测量结果代表夜间环境噪声级。

3.2.3.3 噪声测量实施

测量仪器和工具宜选择精度较高的计权式测声仪器。观测数据可以使用自动记录或手工记录。手工记录应记录测量时间、点号和具体位置并注意校对。测量之前应对仪器进行校准，以减小系统误差。测量时注意仪器安全，应配上备用电源。

测量时应根据不同情况设置适当的采样间隔。可以使用多台仪器在多个点同时监测。对于手动记录仪器，应注意读数、报数和记录的正确性并进行校对。例如每个网格测点以 5s 的时间间隔读取 100 个 A 声级瞬时值，在测量的同时记录该测点的主要噪声源、地形和主要地物。此外还需同时测量全部干道的交通噪声级和交通量。

对于公路噪声，声环境达标检测主要是监测公路扰动区内声环境敏感点和施工场界内噪声污染情况。通常是监测等效连续 A 声级，并依据环评报告中的声环境质量标准来衡量公路建设对沿线敏感点的噪声污染程度。每次每个测点测量 10min 的连续等效 A 声级。当测量采用环境噪声自动检测仪进行测量时，因仪器动态特性为"快"响应，所以采用时间间隔不大于 1s。白天以 20min 的平均等效 A 声级表征该点的昼间噪声级，夜间以 8h 的平均等效 A 声级表征该点的夜间噪声级。

3.3 大气污染调查

3.3.1 道路交通空气污染来源及组成

道路交通空气污染是指由于道路建设和运营所产生的烟、尘和有害气体，其数量、浓度和持续时间超过了空气的自然净化能力和允许标准，使人和生物蒙受其害。道路交通空气污染源主要由两部分组成：一是道路施工期间产生的扬尘、沥青烟等空气污染物；二是道路营运期间车辆行驶排放的空气污染物。施工期间产生的空气污染会随着施工期的结束而消失，而一条道路建成以后，其营运期为 20 年甚至更长的时间，这期间由于车辆的行驶会不同程度地产生空气污染。因此，本书以道路营运期产生的空气污染为主进行讲解。

3.3.1.1 汽车排放污染物的来源

在汽车排放的污染物中，除了碳氢化合物（HC）以外，其余均来自于汽车的排气。汽车排放源见图3-6。

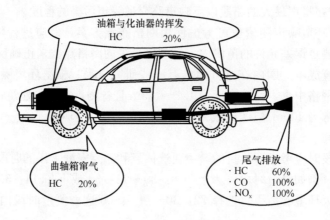

油箱与化油器的挥发
HC　　20%

曲轴箱窜气
HC　　20%

尾气排放
· HC　　60%
· CO　　100%
· NO_x　　100%

图 3-6　汽车排放源示意图

汽车排放的CO、NO_x 全部来源于尾气，而HC的来源有三方面：汽车排气（尾气，约占60%）；曲轴箱窜气（约占20%）；燃料系统（油箱和化油器）的蒸发（约占20%）。

3.3.1.2 汽车排气的组成

汽车内燃机排气包括许多成分，随内燃机的种类和运转条件的变化而变化。排气中基本成分是二氧化碳（CO_2）、水蒸气（H_2O）、过剩的氧气（O_2）及未参与燃烧的氮气（N_2）等。它们是燃料和空气完全燃烧后的产物，与空气的组成基本相同，所不同的是排气中CO_2 和H_2O 的含量较高而O_2 的含量较低，从毒物学的观点看，排气中基本成分是无害的。除基本成分之外，还有不完全燃烧的产物和燃烧反应的中间产物，包括一氧化碳（CO）、碳氢化合物（HC）、氮氧化合物（NO_x）、二氧化硫（SO_2）、颗粒物（铅化物、黑烟、油污等）、臭气（甲醛、丙烯醛）等80多种。这些污染物的总和在柴油机排气中不到排气总量的1%，在汽油机排气中随不同工况变化较大，有时可达5%左右，它们中大部分是有毒的，或有强烈的刺激性、臭味和致癌作用，因此列为有害成分。

由碳氢两种元素形成的化合物总称为碳氢化合物，亦称为烃，通常以HC来表示。机动车排放的碳氢化合物（HC）的成分超过几十种，不同的HC成分对人体健康和环境造成的影响各不相同。其中，甲烷（CH_4）是一种温室气体，在局地环境空气污染中一般不作为污染物。目前，我国尚未颁布碳氢化合物环境空气质量标准，因此，在公路机动车空气污染影响分析和机动车碳氢化合物排放量计算中，有时采用总烃（THC），即本书中的HC，有时采用非甲烷烃（NMHC）。两者的差别在于是否把CH_4 成分考虑在内，但多年以来一直都没有确定两者之间的定量关系。

从环境污染的角度分析，虽然碳氢化合物并不直接反映其污染环境的水平，但它们是形成光化学烟雾的主要成分，由此产生的二次污染物对人类健康危害很大。光化学烟雾是一种大气污染现象，最初发生在美国洛杉矶，因此也称为洛杉矶烟雾。随后在墨西哥的墨西哥城、日本的东京都、中国的兰州市也相继发生了光化学烟雾事件。光化学烟雾是由大

气中的 NO_X、HC 及 CO 等污染物在强太阳光作用下，发生光化学反应而形成的。其表现为城市上空笼罩着淡蓝色烟雾（有时带紫色或黄色），大气能见度降低，具有特殊气味，刺激眼睛和喉黏膜，造成呼吸困难。生成的臭氧具有强氧化性，可使橡胶制品开裂，植物叶片受害、变黄甚至枯萎。烟雾一般发生在相对湿度低的夏季晴天，高峰出现在中午或刚过中午，夜间消失。

不同类型机动车，其污染物排放量显著不同；此外，即使同一类型车辆，也会因其发动机类型和使用燃料（汽油、柴油）的不同有显著不同的污染物排放特性。在机动车污染物排放量计算中，常根据需要，将机动车车流分成不同类别车型，分别确定其单车污染物排放因子。关于机动车分类，不同国家不尽相同。本书采用我国交通部《公路建设项目环境影响评价规范》中的车型分类标准（见表 3-3）。考虑到柴油车污染物排放与汽油车有一定差别，在交通量计数时，柴油车和汽油车分栏统计。

表 3-3

车型分类标准

车 型	汽车总质量	车 型	汽车总质量	车 型	汽车总质量
小型车（S）	<3.5t	中型车（M）	3.5t～12t	大型车（L）	>12t

3.3.1.3 汽、柴油车排放污染物比较

柴油车与汽油车的排放组成基本是相似的。一般来讲，柴油车排放的 CO 和 HC 比汽油车要低得多，NO_X 大致相当，但颗粒物要多很多。表 3-4 是不同工况下汽油车与柴油车排放污染物的比较。由表可以看出，汽油车排放的污染物主要是 CO、HC 和 NO_X，而柴油车排放的污染物主要是颗粒物和 NO_X。

表 3-4

不同工况下汽油车与柴油车排放污染物比较

车型	工况 (km/h)	CO (%)	HC (ppm)	NO_X (ppm)	碳烟 (g/m³)	排气量
汽油车	怠速	4.0～10.0	300～2000	50～100	0.005	少
	加速 0～40	0.7～5.0	300～600	1000～4000		增多
	匀速 40	0.5～1.0	200～400	1000～3000		高速最多
	减速 40～0	1.5～4.5	1000～3000	5～50		减少
柴油车	怠速	0	300～500	50～70	0.10～0.30	少
	加速 0～40	0～0.50	200	800～1000		增多
	匀速 40	0～0.10	90～150	200～1000		高速最多
	减速 40～0	0～0.05	300～400	30～35		减少

从上面分析得知汽车排放物的成分十分复杂，目前分析出的化合物超过 100 种。但就汽车污染物的排放量及其对环境的污染而言，主要污染物为一氧化碳（CO）、氮氧化物（NO_X）、碳氢化合物（HC）、二氧化硫（SO_2）、铅尘（Pb）和颗粒物等。其中，CO、NO_X 及 HC 为汽油发动机和柴油发动机排放的主要污染物。近年来，我国推广使用无铅汽油，机动车铅排放量将逐年减少。机动车排放的 SO_2 主要来自柴油发动机车辆（由于汽油中不含硫，所以汽油机动车不排放 SO_2），柴油中含有的微量硫经燃烧形成 SO_2 并随尾气排入大气中。

3.3.2　采样点布设

3.3.2.1　功能区布点法

这种方法多用于区域性常规监测。布点时先将监测地区按环境空气质量标准划分成若干功能区，比如工业区、商业区、居民区、交通密集区、清洁区等，再按具体污染情况和人力、物力条件在各区域内设置一定数目的采样点。各功能区的采样点数不要求相同，一般在污染较集中的工业区和人口较密集的居民区多设采样点。

3.3.2.2　网格布点法

此法是将监测区域地面划分成若干均匀网状方格，采样点设在两条直线的交点处或方格中心。这种方法适用于有多个污染源，且在污染源分布较均匀的情况下。

3.3.2.3　同心圆布点法

此法是先找到污染群的中心，以此为圆心在地面上画若干个同心圆，再从圆心做若干条放射线，将放射线与圆周的交点作为采样点。同心圆布点法主要用于多个污染源构成的污染群，且污染源较集中的地区。

3.3.2.4　扇形布点法

此法以点源所在位置为顶点，主导风向为轴线，在下风向地面上划出一个扇形区作为布点范围。扇形的角度一般为 45°，也可更大些，但不能超过 90°。采样点设在扇形平面内距点源不同距离的若干弧线上。每条弧线上设 3～4 个采样点，相邻两点与顶点连线的夹角一般取 10°～20°。扇形布点法适用于孤立的高架点源，且主导风向明显的地区。

以上四种采样布点方法，可以单独使用，也可综合使用，目的就是要采取有代表性的反映污染物浓度的样品，为大气环境监测提供可靠的样品。

3.3.3　常用监测分析方法

3.3.3.1　一氧化碳

测定大气中一氧化碳的方法有非分散红外吸收法、气相色谱法、间接冷原子吸收法、汞置换法等。在此主要介绍国家规定的标准分析方法——非分散红外吸收法。

CO 气态分子受到红外辐射时吸收各自特征波长的红外光，引起分子振动和转动能级的跃迁，形成红外吸收光谱。在一定浓度范围内，吸收光谱的峰值（吸光度）与气态物质浓度之间的关系符合朗伯-比耳定律。因此，测其吸光度即可确定 CO 的浓度。

注意：CO 的红外最大吸收为 $4.67\mu m$，CO_2 的红外最大吸收峰为 $4.26\mu m$，水蒸气的红外最大吸收峰为 $2.19\mu m$，而大气中 CO_2 和水蒸气的浓度远远大于 CO 的浓度，所以会干扰 CO 的测定。

解决办法：在测定前先用制冷剂或通过干燥剂的除去水蒸气，再用窄带光学滤光片或气体滤波室将红外辐射限制在 CO 吸收的范围内来消除 CO_2 的干扰。

3.3.3.2　总悬浮颗粒物（TSP）

总悬浮颗粒物是指悬浮在大气中不易沉降的全部颗粒物。包括各种固体微粒和液体微粒等，直径通常在 $0.1\sim100\mu m$ 之间。它主要来源于燃料燃烧时产生的烟尘、生产加工过程中产生的粉尘、建筑和交通扬尘、风沙扬尘以及气态污染物经过复杂物理化学反应在空气中生成的相应的盐类颗粒。

总悬浮颗粒物的测定方法：用抽气动力抽取一定体积的空气通过已恒重的滤膜，则空气中的总悬浮颗粒物被阻留在滤膜上，根据采样前后滤膜的质量差及采样体积即可计算总悬浮颗粒物的质量浓度。滤膜经处理后，可进行化学组分分析。

重量法适合于大流量或中流量总悬浮颗粒物采样器进行空气中总悬浮颗粒物的测定，检测极限为 0.001mg/mL。

3.3.3.3　可吸入颗粒物（IP）

能悬浮在空气中，空气动力学当量直径小于 $10\mu m$ 的颗粒物称为可吸入颗粒物（IP），又称作飘尘。常用的测定方法有重量法，压电晶体振荡法、G 射线吸收法及光散射法等。国家规定的测定方法是重量法。

重量法根据采样流量不同，分为大流量采样重量法和小流量采样重量法，使一定体积的空气进入切割器，将 $10\mu m$ 以上的粒径的微粒分离，小于这一粒径的微粒随气流经分离器的出口被阻留在已恒重的滤膜上，根据采样前后滤膜的质量差及采样体积，计算总悬浮颗粒的质量浓度。

注意：采样不能在雨雪天进行，风速不大于 8m/s。

3.3.3.4　二氧化硫

测定二氧化硫常用的方法有分光光度法、紫外荧光法、电导法、库仑油滴法、火焰光度法等。国家规定的标准分析方法是：四氯汞钾溶液吸收-盐酸副玫瑰苯胺分光光度法和甲醛吸收-副玫瑰苯胺分光光度法。现介绍前者的测定原理。

四氯汞钾溶液吸收-盐酸副玫瑰苯胺分光光度法的原理是用氯化钾和氯化汞配制成四氯汞钾吸收液吸收气样中的二氧化硫，生成稳定的二氯亚硫酸盐配合物，此配合物再与甲醛和盐酸副玫瑰苯胺作用，生成紫色配合物，其颜色深浅与二氧化硫含量成正比，再用分光光度法测定。该方法灵敏度高，选择性好，但吸收液毒性较大。

此外，紫外荧光法也是测定大气中的二氧化硫常用的方法，该法具有选择性好、不消耗化学试剂的特点，目前广泛地应用于大气环境地面自动监测系统中。

3.4　水污染调查

3.4.1　道路交通水污染来源

公路建设将会对水资源、自然水流形态造成一定程度的改变、阻隔、污染等。主要包括以下几个方面：

（1）道路建设中的各种结构物及路基的高填深挖将有可能阻隔湖泊、水库等对地表径流的汇集。

（2）流经路面的地表径流有可能污染饮用水体和养殖水体。

（3）排水、渗水等构造物的修建有可能对地下水造成污染。

（4）在途经瀑布、温泉等特殊水体时，可能对其产生影响。

（5）公路在跨越溪、河、沟等时，有可能改变其水流方向或水流速度。

（6）施工中的弃土有可能改变河床结构，甚至堵塞河流。

（7）营运后汽车废气将有可能污染公路两侧的水体。

3.4.2 水污染的主要类型

作为环境介质的水通常不是纯净的，其中含有各种物理的、化学的和生物的成分。如果由于人类活动或自然的作用，使某些物质进入了水体，当这些物质在水中达到足够的浓度，并持续了足够长的时间，改变了水体原有的物理化学性质，使人或者生物受到危害时就产生了水环境污染。水的感官性状（色、嗅、味、浑浊度等）、物理化学性质（温度、酸碱度、电导率、氧化还原电位、放射性等）、化学成分、生物组成和水体底泥状况等，均因污染程度不同而有很大区别。将水环境污染按水体污染物进行分类，有以下类型：

3.4.2.1 病原体污染

生活污水、人畜粪便、畜禽养殖场、制革、屠宰场及医院等排出的废水中含有大量微生物，其中有许多属于能使人和动物致病的病原微生物和原生动物。它们适于在生活污水中生长繁殖。这些病原微生物可通过食物链等途径感染人或其他生物而使其致病。如痢疾杆菌、肝炎病毒、霍乱等。

3.4.2.2 需氧有机物污染

碳水化合物、蛋白质、脂肪、酚和醇等有机物可以在微生物作用下进行分解。因分解过程中需要消耗氧，所以这些有机物被统称为需氧性有机物。生活污水和大部分工业废水中都含有此类有机物。此类有机物排入水体后，会加速微生物繁殖和溶解氧的消耗。当水体中溶解氧降低到 4mg/L 以下时，鱼类和水生生物将不能在水中生存。水中的溶解氧耗尽后，有机物将由厌氧微生物进行分解，生成大量硫化氢、氨、硫醇等带恶臭的气体，使水质变黑变臭，造成水环境严重恶化。需氧有机物污染是水体污染中常见的一种污染。

3.4.2.3 富营养化物质污染

生活污水和某些工业废水中常含有一定数量的氮、磷等营养物质。这类营养物质排入湖泊、水库、港湾和内海等水流缓慢的水体，会造成藻类大量繁殖，这种现象被称为"富营养化"。大量生长的藻类覆盖了大片水面，减少了鱼类的生存空间。藻类死亡腐败后会消耗溶解氧，并释放出更多的营养物质。如此周而复始，恶性循环，最终将导致水质恶化，鱼类死亡，水草丛生，湖泊衰亡。

3.4.2.4 油类污染

油类污染物一般是指比水轻能浮在水面上的液体物质，多指油类。油类物质在水面能够形成油膜，阻碍空气中的氧气溶解到水中，影响水的透光度，使鱼类和浮游生物的生存受到威胁，并使水产品的质量降低。油类来源于大型洗车场和加油站的污水、船舶排放的污水、船舶因海损事故造成燃油和含油货物的泄露等。

废水中油类污染物的多少也用质量浓度表示，单位为 mg/L。它不溶于水，进入水体后会在水面上形成薄膜，影响氧气的溶入，降低水中的溶解氧。每升石油的扩展面积可达 $1000 \sim 10000 m^2$。每升石油完全氧化需消耗 40 万 L 海水溶解氧。

3.4.2.5 放射性污染

放射性物质进入水体会造成放射性污染。放射性物质来源于核动力工厂排出的废水和向海洋投弃的放射性废物，核动力船舶事故泄漏的核燃料，核爆炸进入水体的散落物等。受放射性物质污染的水体不仅会对生物产生危害，而且会使放射性物质在水生生物体内蓄积，并通过食物链对其他生物产生危害。

3.4.2.6　热污染

很多工业生产部门（如电力、冶金、化工和纺织等）的一些工业流程（如蒸馏、漂洗、稀释、冲刷和冷却等）都有可能产生大量的废热水。这些废热水排入水体后，会使水体的热负荷或温度升高以及水体物理化学性质发生改变，造成水中生化反应速度加快、溶解氧含量降低，从而破坏水生生物的正常生存环境。水生生物能生存的水温上限一般为33～35。热污染会对生态环境和人类生产生活产生不良影响。

3.4.2.7　有毒化学物质污染

有毒化学物质主要指重金属和微生物难以分解的有机物。重金属在自然界不易消失，它们可以通过食物链被富集。难分解的有机物中不少是致癌物质。因此，水体一旦被有毒化学物质污染，其危害极大。国际上公认的六大毒物是氰化物、砷化物、汞、镉、铬、铅。

3.4.2.8　酸、碱及无机盐类物质污染

污水中的酸主要来源于工业和矿山排水，如金属加工洗车间、黏胶纤维和酸性造纸等工业部门都会排放酸性工业废水。水体中的碱主要来源于化学纤维制品厂、造纸厂、制碱工业、制革、炼油等工业废水。

天然水体对酸、碱有较强的净化作用，因此含酸、碱废水进入天然水体后能和水体固相的各种矿物相互作用而被同化。这对保护天然水体和缓冲天然水的 pH 值的变化有重要意义。

当酸、碱污染物进入水体超过环境容量后，会破坏天然的缓冲作用使水体 pH 值发生变化，从而抑制微生物正常生长，妨碍水体自净。若水体长期遭受酸、碱污染，水质将逐渐恶化，危害水生生物生存，同时周围土壤也将酸化。水体 pH 值的改变还可大大增加水中无机物盐含量，增加水的硬度，增加水的渗透压，不利于淡水生物的生存。

各种酸、碱、盐等无机化合物进入水体后，使淡水的矿化度增高，降低了水的使用功能，产生盐类污染。

3.4.2.9　颗粒状物质污染

砂粒、土粒、矿渣及混杂在一起的有机物颗粒会形成颗状污染物。它们随密度的差异或浮于水面、或悬浮于水中、或沉入水底，分别称为浮渣、悬浮固体和可沉固体。

由于悬浮固体在污水中能够看到，而且它能够使水浑浊。因此，属于感官性污染指标。悬浮固体是水体主要污染物之一。其主要危害：降低水体透光度，减少水生植物的光合作用，间接降低水中溶解氧，并妨碍水体自净能力。同时危害鱼类，可能堵塞鱼鳃而致鱼死亡和影响鱼卵孵化。

水中悬浮物可能是各种污染物的载体。它可能吸附水中一部分的污染物而随水流迁移。同时影响水的清洁度，影响水的综合利用价值。

3.4.3　水质指标

3.4.3.1　水质

水质是指水与其中所含杂质共同表现出来的物理化学和生物的综合特性。水中所含杂质，按其在水中的存在状态可分为悬浮物质、溶解物质和胶体物质三类。

悬浮物质是由比水分子尺寸大的颗粒组成的，它们借浮力和黏滞力悬浮于水中。溶解

物质则由分子或离子组成，它们被水分子结构支承。胶体物质则介于悬浮物质与溶解物质之间。颗粒尺寸分别为：$10^{-5} \sim 10^{-3} \mu m$（溶解物质）、$10^{-3} \sim 1 \mu m$（胶体物质）、$1 \sim 100 \mu m$（悬浮物质）。

3.4.3.2 水质指标的分类

仅依据水中杂质颗粒大小或颗粒多少来衡量水质，反映水的物理化学和生物等特性是不够的，必须通过水质指标项目来说明。水质指标项目繁多，可分为物理水质指标（如温度、色度、嗅和味、浑浊度、透明度、总固体、悬浮固体、溶解固体、可沉固体、电导率），化学水质指标（如 pH、碱度、硬度、各种阴阳离子、总含盐量、一般有机物质含量、重金属、氰化物、多环芳香烃、各种农药、溶解氧（DO）、化学需氧量（COD）、生物需氧量（BOD）、总有机碳（TOC）），生物水质指标（如大肠菌数、细菌总数、各种病原细菌、病毒等）。

(1) 生化需氧量（BOD）

生化需氧量（BOD）是指在有氧的条件下，好氧微生物氧化分解单位体积水中有机物所消耗的游离氧的数量，常用单位是 mg/L。生化需氧量高，表示水中有机污染物质多。这是一种间接表示水被有机污染物污染程度的指标，通过用微生物代谢作用所消耗的溶解氧的数量来表征污染物的数量。目前测定生化需氧量的标准时间为 5 天，简称五日生化需氧量。

(2) 化学需氧量（COD）

强氧化剂在酸性条件下能够将有机物氧化为 H_2O 和 CO_2，此时所测出的耗氧量称为化学需氧量，用氧量（mg/L）表示。化学需氧量愈高，也表示水中有机污染物愈多，常用的氧化剂是重铬酸钾和高锰酸钾。COD 能够比较精确地表示有机物含量，而且测定耗时间短，不受水质限制，多用作工业废水的污染指标。

(3) 总需氧量（TOD）

有机物主要是由碳（C）、氢（H）、氮（N）、硫（S）等元素组成，当有机物完全被氧化时，C、H、N、S 被氧化成为 CO_2、H_2O、NO、SO_2，此时的需氧量称为总需氧量（TOD）。

(4) 总有机碳（TOC）

总有机碳表示的是污水中有机污染物的总含碳量。其测定结果以 C 含量表示，单位为 mg/L。

目前应用的五日生化需氧量（BOD_5）测试时间长，不能快速反映水体被有机物污染的过程。由于 TOC 的测定是采用燃烧法，因此能将有机物全部氧化，它比 BOD_5 或 COD 更能反映有机物的总量。有时进行总有机碳和总需氧量的试验，以寻求它们与 BOD_5 的关系，实现自动快速测定。

(5) 悬浮固体

悬浮固体可以利用重力或其他物理作用与水分离。它们随废水进入天然水体后，易形成河底沉积物。悬浮物的化学性质十分复杂，可能是无机物，也可能是有机物，还可能是有毒物质。悬浮物质在沉淀过程中还会挟带其他污染物质，如重金属等。悬浮物含量是通过过滤法测定的，过滤后滤膜或滤纸上截留下来的物质即为悬浮固体，单位为 mg/L。

（6）有毒物质

有毒物质种类繁多，应视具体情况进行检测。

（7）pH 值

反映水体酸碱性强弱的重要指标。天然水体的 pH 值一般在 6.0～9.0 之间，饮用水的 pH 值在 6.5～8.5 之间，生活污水一般呈弱碱性，工业废水的 pH 值偏离中性范围很远。水体的 pH 值对生物的生存、水的氧化还原性、水的导电率、水对金属混凝土的腐蚀性等都有很大的影响，决定于水体所在环境的物理化学和生物特性。

（8）细菌总数

细菌总数是指 1mL 水样在营养琼脂培养基中，在 37℃ 的温度下，经过 24h 培养后，生长出的细菌菌落总数。它是判断饮用水、水源水、地表水等的污染程度的标志。

（9）总大肠菌数

大肠菌是指那些能在 35℃ 的温度下，在 48h 之内能使乳糖发酵产酸、产气的需氧及兼性厌氧的革兰氏阴性的无芽孢杆菌。总大肠菌数以每升水中所含大肠菌群的数目表示，单位为个/L。它是常用的细菌学指标。

3.5 振动污染调查

3.5.1 道路交通振动的产生及危害

道路交通振动是由道路上行驶的车辆激振而产生的地面振动，很大程度上取决于道路结构和地质条件。它具有以下特点：

（1）振动是一种感觉公害，它与噪声类似，取决于人的心理和生理状态。

（2）振动是瞬时性的能源污染，振源停止，其危害也随之消失。

（3）振动与噪声有着密切的联系。当振动频率在 20～20000Hz 的可听声频率范围内时，振动源又是噪声源；另一方面，若声源的振动激发了某些固体物件的振动，则这种振动会以弹性波的形式在固体中（如基础、地板、墙等）传播，并在传播过程中辐射噪声。

道路交通振动除了引起噪声方面的危害外，还能直接作用于人体、设备和建筑等，损伤人的机体并引发各种疾病，损坏设备，使建筑物开裂、倒塌等。因此，振动又区别于噪声，有其相对的独立性。主要表现为以下几点：

（1）振动的影响程度是由振动强度、振动频率和承受振动的持续时间（暴露时间）决定的。人体对振动的感觉与心理和生理状态有密切的关系，不同的人对相同振动的容忍程度是不同的。

（2）振动强度是用加速度来衡量的。人处于匀速运动状态时是无感觉的，而当处于变速运动状态时，人体便感到加速度的作用。人在身体直立时能忍受（不受伤害）向上的加速度为重力加速度的 18 倍（即 18g），向下为 13g，横向为 50g 以上。如果加速度超过上述数值，就会造成皮肉青肿、骨折、器官破裂、脑振荡等损失。

（3）振动频率的不同对人体健康的影响也是不同的。振动分为 30Hz 以下的低频振动、30～100Hz 的中频振动和 100Hz 以上的高频振动。人体各个器官都有相应的固有频率，当振动频率接近某一器官的固有频率时，会引起共振，对该器官影响最大。例如，人体振动频率在6Hz附近，内脏在8Hz附近，头部在25Hz附近，神经中枢在250Hz附近，对于低于2Hz的次声振动甚至可以引起人的死亡。不同频率、振幅和持续时间的低频振动，对人体造成眩晕等病状的严重程度是不同的；中频振动会引起骨关节变化和血管痉挛；高频振动也能引起血管痉挛。长期处于中高频振动下作业的人，机体会有较严重的损伤。例如，经常使用以压缩空气为动力的风动工具的人会产生一种振动病，此病的症状之一是手指变白，故称"白蜡病"。

3.5.2 振动的量度

振动对人体的影响比较复杂。人的体位不同，接受振动的器官不同，振动的方向（垂直还是水平）、频率、振幅和加速度的不同，人对振动的感受也不同。因此，评价振动对人体的影响有很大困难。

振动的强弱可以根据振动的加速度来评价。人能感觉到的振动的加速度一般在$0.001\sim10m/s^2$范围内。与噪声控制类似，反映振动加速度大小的参数可以用分贝来表示。这个参数称为振动加速度级L_a，可用下式（3-1）表示：

$$L_a = 20\lg \frac{a}{a_0}(dB) \tag{3-1}$$

式中　L_a——振动加速度级，dB；

　　　a——振动时的加速度有效值，m/s^2。

　　　a_0——加速度基准值，m/s^2，通常取$a_0 = 3 \times 10^{-3} m/s^2$。当频率为100Hz时，该基准值与声压的基准值$p_0 = 2 \times 10^{-5} N/m^2$是一致的。

在正弦振动情况下，振动时的加速度有效值可用公式（3-2）表示：

$$a = \frac{a_m}{\sqrt{2}} \tag{3-2}$$

式中　a_m——振动加速度的振幅，Hz；

振动加速度级相同而频率不同时，人的主观感觉也是不同的，经过人体感觉修正后的加速度级VL与L_a有如下关系，见公式（3-3）：

$$VL = L_a + C_n \tag{3-3}$$

式中C_n为感觉修正值，由表3-5和表3-6查得。

垂直振动修正值　　　　　　　　　　　　　　　　　表3-5

频率	1	2	4	8	16	31.5	63	90
C_n (dB)	—6	—3	0	0	—6	—12	—18	—21

水平振动修正值　　　　　　　　　　　　　　　　　表3-6

频率	1	2	4	8	16	31.5	63	90
C_n (dB)	3	3	—3	—9	—15	—21	—27	—30

振动与感觉的关系见表3-7。

振动级（dB）	振动情况	振动级（dB）	振动情况
100	墙壁开始裂缝	70	门和窗振动
90	容器中的水溢出，花瓶等倒下	60	差不多所有的人都感到振动
80	电灯摆动，门窗发出响声		

3.5.3 振动的分级

振动的强弱可以根据对人体的影响，分为四个等级：

3.5.3.1 振动的"感觉阈"

指人体刚刚能感到振动时的强度，人体对刚超过感觉阈的振动是能够忍受的。

3.5.3.2 振动的"舒适感降低阈"

当振动的强度增大到一定程度时，人会感到不舒适，产生讨厌的感觉，但没有产生生理影响。

3.5.3.3 振动的"疲劳——工效降低阈"

当振动的强度继续加大时，人不仅产生心理反应，而且出现生理反应。振动通过刺激神经系统，对其他器官产生影响，使人注意力转移、工作效率降低等。这种生理现象会随着振动的停止而消失。

3.5.3.4 振动的"极限阈"

当振动强度超过一定限度时，就会对人体造成病理性损伤，产生永久性病变，即使振动停止也不能复原。国际标准化组织（ISO）推荐的全身振动评价标准见图 3-7。图中曲

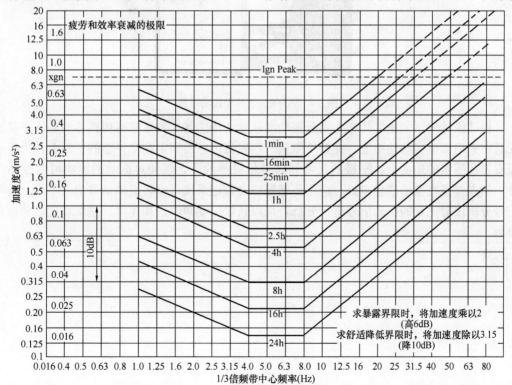

图 3-7 铅垂向的振动暴露标准

线上的数字为人在一天内允许累计暴露时间。此标准适用于人体承受垂直方向振动。若人体承受的是水平方向振动，则可以将各曲线的纵坐标值除以$\sqrt{2}$。

由图可以看出，振动频率在 4～8Hz 范围时，对人的危害最大。评价振动对人体的影响时，还与振动的方向有关。

3.5.4 振动的测量

测量振动的方法很多，最简单的就是用振动级计直接测定环境振动的加速度级。图 3-8 为 AWA6256B 型振动级计，该仪器可以和计算机连接进行数据处理和分析。

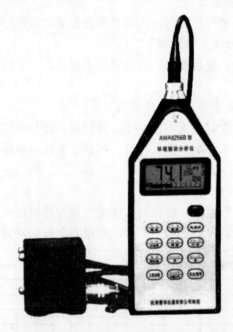

图 3-8 AWA6256B 型振动级计

振动级计采用加速度计作为测量振动加速度的传感器，测量时将传感器的底座平稳地安置在平坦而坚实的地面上。在野外测量时，先将传感器固定在一平整的平板上，再将平板安置在压实的地面上。平板的尺寸和质量尽可能的小，以使对振动的影响可以忽略不计。测点设置在振动敏感点处。应用传感器和磁带记录仪可以将振动信号记录下来，再用信号分析仪对记录的振动信号进行分析，可以获取振动频率、加速度、速度和位移等振动参数。

第4章　道路交通环境影响预测

4.1　常用预测方法分类

4.1.1　数学模式法

主要包括两类方法：一类是统计分析的方法，即利用统计、归纳的方法在时间域上通过外推作出预测；另一类是理论分析的方法，即利用某领域内的系统理论进行逻辑推理，通过数学物理方程求解，得出其解析解或数值解来做预测。

4.1.2　物理模拟预测法

人们除了应用数学分析工具进行理论研究外，还可以应用物理、化学、生物等方法直接模拟环境影响问题，这类方法统称为物理模拟方法，属实验物理学研究范畴。这类方法的最大特点是采用实物模型进行预测。方法的关键在于原型与模型相似。相似通常要考虑几何相似、运动相似、热力相似和动力相似。

4.1.3　对比法与类比法

对比法是通过工程兴建前后，对某些环境影响因子影响机制及变化过程进行对比分析，研究其变化趋势，并确定其变化程度进行预测。类比法是通过与一个已知的相似工程兴建前后对环境的影响进行比较，通过修正进行预测。

4.1.4　专业判断法

该法是一种系统分析的方法，通常用于缺乏足够的数据、资料，无法进行客观地统计分析或是某些环境因子难以用数学模型定量化等情况。最简单的咨询法是召开专家会议，通过组织专家讨论，对一些疑难问题进行咨询，在此基础上作出预测。专家在思考问题时会综合应用其专业理论知识和实践经验，进行类比、对比分析以及归纳、演绎、推理，给出该专业领域内的预测结果。较有代表性的专家咨询法是特尔斐法。

4.2　道路交通空气污染预测

空气污染物从机动车排出以后，需要预测距公路一定距离处的污染物浓度，这就是道路交通空气污染物的预测问题。道路交通空气污染物的预测主要需要解决两方面的问题：一是排放源强的确定问题，另一个就是预测模式的问题。

4.2.1 排放源强的确定

机动车排放因子是指单辆机动车运行单位里程或消耗单位燃料排放的污染物的量，单位为 g/（km·辆）或 g/kg（以燃料计）。车型不同、污染物不同，其排放因子也不同。排放因子反映了机动车污染物的排放水平，是计算车流污染物排放强度的关键参数。

在公路上，各类型车辆单位时间、单位行驶里程排放某污染物的数量称为公路机动车流污染物排放强度，单位为 g/（km·s）或 m^3/（km·s）。

单车污染物排放因子法把公路上的车流分为几类（有的分为轻型车、中型车和重型车三类，有的分为轻型车、中重型车两类），对几类机动车利用底盘测功机和尾气分析系统模拟测得其单车污染物排放因子，再根据交通量计算车流污染物排放强度。其代表公式如公式（4-1）：

$$M_j = \frac{1}{3600} \sum_{i=1}^{n} \lambda_{ij}(v) E_{ij} A_i \tag{4-1}$$

式中　M_j——单位时间、单位长度公路上各种类型机动车 j 种污染物排放强度，g/（km·s）；

　　　λ_{ij}——i 型机动车 j 种污染物排放因子车速修订系数；

　　　E_{ij}——机动车单车排放因子，g/（km·辆），即 i 型机动车行驶单位里程 j 种污染物排放量。在式（4-1）中，$i=1$，2，3 分别表示轻型车、中型车、重型车；$j=1$，2，3 分别表示一氧化碳、二氧化氮和碳氢化合物；

　　　A_i——公路上 i 型机动车交通量，辆/h。

公路上第 j 种污染物排放源强利用公式（4-1）确定，由公式可以看出，A_i 为各路段的日或小时平均交通量，容易获得，而机动车污染物排放因子 E_{ij} 是确定机动车污染物排放强度的关键。目前，世界上广泛应用的机动车综合排放因子 E_{ij} 计算模型是美国国家环境保护局提出的 MOBILB 模型。计算机动车污染物排放强度的 MOBILE 系列模型迄今有 6 个版本。该模型的特点是以检测汽车新产品污染物排放（FTP 规程）结果为基础，再考虑影响汽车污染物排放因素的校正因子。校正因子有汽车行驶速率、发动机温度、车型比例、汽车使用年限、汽车运行里程等。对于不同类型车辆，不同发动机的排放特性，MOBILE 分轻型汽油机车（LDGV）、轻型汽油机卡车（LDGT）、重型汽油机车辆（HDGV）、轻型柴油机车辆（LDDV）、轻型柴油机卡车（LDDT）、重型柴油机车辆（HDDV）等八类车进行计算。

计算某一类车时，要考虑其各自不同的排放特性。这种不同突出地表现在不同年份出厂的车型之间的排放不一致。这是因为随着生产技术的提高，汽车排放水平随时间推移有较大的改变。另外，排放法规、I/M 计划也都是针对某年生产的车型制定的。为了更好地反映排放技术的差异，尤其是能够对各种排放法规及 I/M 计划的效果进行评估，各类车的排放因子计算以各年车辆为基准。

确定车型和类别后，大量的数据表明，在一定的环境条件下（如 FTP 测试标准条件）车辆的排放因子与其使用里程成线性关系，用式（4-2）表示：

$$C_{ipn} = A_{ip} + B_{ip} \times Y_{in} \tag{4-2}$$

式中　C_{ipn}——FTP（1975）测试条件下的平均排放因子，以 g/mile 为单位（除以 1.6 可转换为 g/km 为单位）；

A_{ip}——为基本排放因子；

B_{ip}——为排放因子劣化率；

Y_{in}——为累积行驶里程。下标 i，p，n 分别表示车型出厂年代，污染物类型，计算年代。

在计算出 C_{ipn} 后，可进一步考虑各种修正因素，对其排放因子进行修正，得到综合排放因子 E_{ij}，见式（4-3）。

$$E_{ij} = \mathrm{SUM}(C,M,R,A,L,U,H) \tag{4-3}$$

式中　SUM——为表示下述物理量的综合函数；

C——平均排放因子；

M——该车型行驶里程占总里程的比例；

R——包括温度、速度、热启动/冷启动工况等综合的环境修正参数；

A——空调装置修正参数；

L——负载修正参数；

U——拖车修正参数；

H——湿度修正参数。

我国气态排放污染物等速工况下单车排放因子 E_{ij} 推荐值，参考了 1991 年执行的 MOBILE4.1 版本模式、因素和计算方法，结合我国对部分车辆所进行的实测结果统计修正得出。具体数据是由国家发布的有关标准，以 i 型出厂作产品一致性检查时的 j 类气态排放物的单车排放因子标准值为基础，考虑了车速、环境温度、行驶里程增值、车辆折旧更新和曲轴箱泄漏及油箱、化油器的蒸发等因素修正后，从大量的在用车辆排放测试数据中统计计算得出的。

我国气态排放污染物等速工况单车排放因子 E_{ij} 推荐值见表 4-1。

车辆单车排放因子推荐值 $[\mathrm{g}/(\mathrm{km \cdot 辆})]$　　　　　表 4-1

平均车速（km/h）		50.0	60.0	70.0	80.0	90.0	100.0
小型车	CO	31.31	23.68	17.90	14.76	10.24	7.72
	HC	8.14	6.70	6.06	5.30	4.66	4.02
	NO$_2$	1.77	2.37	2.96	3.71	3.85	3.99
中型车	CO	30.18	26.19	24.76	25.47	28.55	34.78
	HC	15.21	12.42	11.02	10.10	9.42	9.10
	NO$_2$	5.40	6.30	7.20	8.30	8.80	9.30
大型车	CO	5.25	4.48	4.10	4.01	4.23	4.77
	HC	2.08	1.79	1.58	1.45	1.38	1.35
	NO$_2$	10.44	10.48	11.10	14.71	15.64	18.38

4.2.2　公路空气污染扩散模式

4.2.2.1　扩散模式的适用条件

（1）源强连续均匀区。

（2）风向和风速均匀稳定。

（3）平原微丘地区。

4.2.2.2 扩散模式的基本形式

（1）当风向与线源夹角为 $0<\theta<90°$ 时，公路作为有限长度线源，其扩散模式见公式（4-4）：

$$C_{PR} = \frac{Q_j}{v} \int_A^B \frac{1}{2\pi\sigma_y \cdot \sigma_z} \exp\left[-\frac{1}{2}\left(\frac{y}{\sigma_y}\right)^2\right] \times \left\{\exp\left[-\frac{1}{2}\left(\frac{z-h}{\sigma_z}\right)^2\right] + \exp\left[-\frac{1}{2}\left(\frac{z+h}{\sigma_z}\right)^2\right]\right\} \mathrm{d}l$$

$$(4\text{-}4)$$

$$\sigma_y = \sigma_y(x), \sigma_z = \sigma_z(x)$$

式中　C_{PR}——公路线源 AB 段对预测点 R_0 产生的污染物浓度，$\mathrm{mg/m^3}$；

　　　v——预测段有效排放源高处的平均风速，m/s；

　　　Q_j——气态 j 类污染物排放源强浓度，$\mathrm{mg/(m \cdot s)}$；

　σ_y，σ_z——水平横向和垂直扩散参数，m；

　　　x——线源微元中点至预测点的下风向距离，m；

　　　y——线源微元中点至预测点的横风向距离，m；

　　　z——预测点地面高度，m；

　　　h——有效排放源高度，m；

　A，B——线源起点及终点。

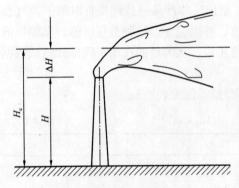

图 4-1　高架点源的有效源高

关于"有效排放源高度"需要说明一下。因为此扩散模式是基于烟囱的扩散规律推导的。如图 4-1 所示，高架点源的有效高度 He 包括两部分：烟囱口距离地面的几何高度 H 和烟气抬升高度 ΔH。烟气抬升高度是指烟气在排出烟囱口之后在动量和热浮力的作用下还能够继续上升的高度，这个高度可达数十米至上百米，对减轻大气的污染有很大作用。但是，汽车尾气排放部位较低，相对于烟囱的高度来说，可以忽略不计，因此可以将 He 看作是 0，即式（4-4）中的有效排放源高度 h 为 0。

（2）扩散模式几何参数关系

直线线源测点至微元中点的 x 与 y 按下式（4-5）计算：

$$\left.\begin{array}{l} x = L\cos\theta \\ y = L\sin\theta - \dfrac{S}{\cos\theta} \end{array}\right\}$$

$$(4\text{-}5)$$

圆弧曲线线源测点至微元中心的 x' 与 y' 按下式（4-6）计算：

$$\left.\begin{array}{l} \theta' = \varphi + \theta = \dfrac{L_p}{R}\dfrac{180}{\pi} + \theta \\ x'' = L'\cos\theta + R\sin(\varphi+\theta) - R\sin\theta \\ y' = R[\cos\theta - \sin(\varphi+\theta)] + L'\sin\theta - \dfrac{S}{\cos\theta} \end{array}\right\}$$

$$(4\text{-}6)$$

式中 L_p——曲线线段弧长，m；

　　　φ——与 L_p 相对应的圆心角°。

（3）当风向与线源垂直（$\theta=90°$）时，污染物浓度扩散模式如下式（4-7）：

$$C_{cz} = \left(\frac{2}{\pi}\right)^{1/2} \frac{Q_j}{v\sigma_z} \exp\left(-\frac{h^2}{2\sigma_z^2}\right) \tag{4-7}$$

上述无限长线源近似式的浓度与横风向位置无关。

式中符号意义同前。

（4）当风向与线源平行时（$\theta=0°$）时，污染物浓度扩散模式如下式（4-8）：

$$\left.\begin{array}{l} C_{px} = \left(\dfrac{1}{2\pi}\right)^{1/2} \dfrac{Q_j}{v\sigma_z(r)} \\[2mm] r = \left(y^2 + \dfrac{z^2}{e^2}\right)^{1/2} \\[2mm] e = \sigma_z/\sigma_y \end{array}\right\} \tag{4-8}$$

式中 r——微元至测点的等效距离，m；

　　　e——常规扩散参数比。

其余符号意义同前。

4.2.2.3　模式中各参数的确定

（1）气态排放物扩散积分上下限取值

下限 A 点为监测点 R_0 作风速矢量垂线与线源中心线的交点。

上限 B 点随预测精度要求所需的线源长度确定，按表 4-2 取值。

线源微元 dl 取值为 $0.2\sim2$m，也可将线源微元段作 4、8、16、4×2^n 划分，当 n 和 $n+1$ 两次取值计算结果不超过 2% 时，即为达到要求。表 4-2 为不同公路线形的线源长度取值。

线源长度取值　　　　　　　　　　　　　　　　表 4-2

公路线形	直　　线			曲　　线
风速矢量与线源交角（θ）	$\theta>45°$	$22.5°\leqslant\theta\leqslant45°$	$\theta\leqslant22.5°$	R 点在曲线内侧
预测线源长度（m）	800	1500	2000	2000

（2）平均风速

有效排放源高度处的平均风速可以由现场监测得出。

如果引用气象资料中的风速 v_0，当 $v_0<2$m/s 时，考虑车辆高速行驶时的空气拖动效应，应按公式（4-9）作修正。

$$v = Av_0^{0.164}\cos^2\theta \tag{4-9}$$

式中 A——与车速相关的系数，车速为 $80\sim100$km/h，$A=1.85$；

　　　θ——风速矢量与线源夹角°。

（3）大气稳定分级

大气稳定度是表示大气抗干扰能力的物理量。大气扩散中，大气稳定度表征了大气的扩散能力。不稳定的大气扩散能力强，中性的大气扩散能力次之，稳定的大气扩散能力弱。我国国标《制定地方大气污染物排放标准的技术原则和方法》（GB 3840—83），关于大气稳定度的分类方法见表 4-3。表中关于太阳辐射等级与地方云量和太阳高度的关系，可以参阅该国标的有关规定。稳定度的级别规定是：A——极不稳定；B——不稳定；C——微不稳定；D——中性；E——微稳定；F——稳定；A－B——按 A、B 级数据内插，其余类推。

大气稳定度的等级 表 4-3

地面风	太阳辐射等级					
	+3	+2	+1	0	−1	−2
≤1.9	A	A−B	B	D	E	F
2～2.9	A−B	B	C	D	E	F
3～4.9	B	B−C	C	D	D	E
5～5.9	C	C−D	D	D	D	D
≥6.0	C	D	D	D	D	D

(4) 垂直扩散参数 σ_z 按下式（4-10）计算：

$$\left. \begin{array}{l} \sigma_z = (\sigma_{za}^2 + \sigma_{z0}^2)^{1/2} \\ \sigma_{za} = a(0.001x)^b \end{array} \right\} \tag{4-10}$$

式中 σ_{za}——常规垂直扩散参数，m；

a，b——分别为回归系数和指数，取值见表 4-4；

σ_{z0}——初始垂直扩散参数，m，取值见表 4-5；

x——线源微元至预测点的下风向距离，m。

回归系数和指数 表 4-4

大气稳定度等级	a	b
不稳定（A、B、C）	110.62	0.93198
中性（D）	86.49	0.92332
稳定（E、F）	61.14	0.91465

初始垂直扩散参数 表 4-5

风速 v_0（m/s）	<1	$0 \leqslant v_0 \leqslant 3$	>3
σ_{z0}（m）	5	$5 - 3.5\left(\dfrac{v_0 - 1}{2}\right)$	1.5

(5) 水平扩散参数 σ_y，按下式（4-11）计算：

$$\left. \begin{array}{l} \sigma_y = (\sigma_{ya}^2 + \sigma_{y0}^2)^{1/2} \\ \sigma_{ya} = 465.1 \times (0.001x)\tan\theta_p \\ \theta_p = c - d \times \ln(0.001x) \end{array} \right\} \tag{4-11}$$

式中 σ_{ya}——常规水平横风向扩散系数，m；

σ_{y0}——初始水平扩散参数，m，取值见表 4-6；

θ_p——烟羽水平扩散半角，°；

x——线源微元中点至预测点的下风向距离，m；

c、d——回归系数，取值见表4-7。

风速 v_0（m/s）	<1	$0 \leqslant v_0 \leqslant 3$	>3
σ_{y0}（m）	10	$2\sigma_{z0}$	3

大气稳定度等级	c	d
不稳定（A、B、C）	18.333	1.8096
中性（D）	14.333	1.7706
稳定（E、F）	12.500	1.0857

（6）风向平行于公路中心线时的常规扩散参数确定

常规垂直扩散参数 σ_{zap}，按下式（4-12）计算：

$$\left. \begin{array}{l} \sigma_{zap} = a(0.001r)^b \\[6pt] r = \left(y^2 + \dfrac{z^2}{e^2} \right)^{1/2} \\[6pt] e = \sigma_z / \sigma_y, e \approx 0.5 \sim 0.7 \end{array} \right\} \tag{4-12}$$

式中　r——微元至测点的等效距离，m；

　　　e——常规扩散参数比，靠近路中心线 e 取最小值，反之取最大值；

　　　y——线源微元至预测点的横向距离，m。

其余符号意义同前。

常规水平横向扩散参数 σ_{yap}，按下式（4-13）计算：

$$\sigma_{yap} = 465.1 \times (0.001y)\tan[c - d \times \ln(0.001y)] \tag{4-13}$$

式中符号意义同前。

初始水平和垂直扩散参数同前。

4.3　道路交通噪声污染预测

4.3.1　道路交通噪声的影响因素

4.3.1.1　速度

通常将道路的车辆分为大、中、小三类，大型车指大型客车和重型货车，中型车指中型客车和中型卡车，小型车指小客车和轻型货车。经测量，在距车行线 7.5m（参照点）处的平均噪声级与车速（V）之间关系如式（4-14）～式（4-17）所示：

（1）小型车

沥青混凝土路面：　　　　　　$L_{os} = 12.60 + 33.66\lg V$ 　　　　　　　　（4-14）

水泥混凝土路面：　　　　　　$L_{os} = 19.24 + 31.77\lg V$ 　　　　　　　　（4-15）

（2）中型车　　　　　　　　 $L_{om} = 4.80 + 43.70\lg V$ 　　　　　　　　（4-16）

（3）大型车　　　　　　　　 $L_{ol} = 18.00 + 38.10\lg V$ 　　　　　　　　（4-17）

4.3.1.2 载重量

根据测量和资料介绍，载重量对汽油车的噪声影响不大，使中型卡车的噪声级稍有增加，大型卡车载重时的噪声级比空车时增加约 3dB。

4.3.1.3 路面材料

测试结果表明：小型车在刚性路面上的噪声级比相同车速下的柔性路面上大约 3dB，原因是小型车在刚性路面上的轮胎噪声比柔性路面上要大得多；中型车和大型车在刚、柔两种路面上的行驶噪声级基本相同，在相同车速下刚性路面上的噪声级比柔性路面上的高出 1dB 左右。

4.3.1.4 路面粗糙度

路面粗糙度对小型车的行驶噪声有明显影响，这主要是由轮胎噪声引起的。对小型车的行驶噪声可按表 4-11 修正。

4.3.1.5 路面平整度

测试结果表明，路面平整度对车辆行驶噪声强度基本无影响。但路面严重破损或砂石路面，会因车体振动而使噪声强度增加。

4.3.1.6 路面纵坡

路面纵坡对小型车的行驶噪声无明显影响。载重卡车因上坡时发动机转速的增加，增大了动力噪声，使行驶噪声明显增强，其修正值见表 4-8。

路面粗糙度及路面纵坡噪声级修正值 表 4-8

粗糙度（mm）	噪声级修正值（dB）	纵坡（%）	噪声级修正值（dB）
<0.4	−2	≤3	0
0.4～0.7	0	4～5	+1
0.7～1.0	+2	6～7	+3
1.0～1.3	+4	>7	+5
>1.3	+6		

4.3.2 公路交通噪声预测模式

当行车道上的车流量足够大时，公路上的车流可以看作是等间距排列的不连续的线声源，每辆车为无指向性的点声源（无指向性是指距声源某点处的噪声强度只与该点距声源的距离有关，而与其方向无关）。

为应用计算方便，以下涉及的物理量均采用公路工程中的单位，如长度用 km，车速用 km/h，时间用 h，车流量用 veh/h。

4.3.2.1 单个车辆的等效声级

单个车辆的噪声级计算示意图如图 4-2 所示，车辆自左向右驶过参照点 P_0，并继续向右行驶，计算其在 P_0 处的等效声级。

行车道上的单个车辆为半自由声场的点声源，在 P_0 处的声强如式（4-18）：

$$I = \frac{W}{2\pi R^2} = \frac{W}{2\pi \left[r_0^2 + (vt)^2 \right]} \tag{4-18}$$

单个车辆在周围无阻挡的道路上行驶时，可以视为半自由声场中的点声源，不考虑地

52

面吸收时在距车辆 r 处的噪声级见公式（4-19）：

$$L_r = L_w - 20\lg r - 8 \qquad (4\text{-}19)$$

在自由声场中，由声压和声强之间关系 $I = \dfrac{P^2}{\rho_0 c}$、声压级、声功率级定义及公式（4-18），经推导得 P_0 处的声压级如公式（4-20）所示：

$$L_p = L_w + 10\lg \frac{1}{2\pi} + 10\lg \frac{1}{r_0^2 + (vt)^2} \qquad (4\text{-}20)$$

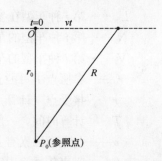

图 4-2　单个车辆噪声级计算示意图

式中　L_p——P_0 点处的声压级，dB；

　　　L_w——车辆的声功率级，dB。

将式（4-19）代入式（4-20）得：

$$L_p = L_0 + 10\lg \frac{r_0^2}{r_0^2 + (vt)^2} \qquad (4\text{-}21)$$

式中 L_0 为在参照点处测得车辆的平均辐射噪声级。参照点 P_0 处的等效声级计算如下：

$$
\begin{aligned}
L_{eqo} &= 10\lg \frac{1}{T} \int_{-\infty}^{+\infty} 10^{0.1 L_p} \, dt \\
&= 10\lg \frac{1}{T} \int_{-\infty}^{\infty} 10^{0.1\left[L_0 + 10\lg \frac{r_0^2}{r_0^2 + (vt)^2} \right]} \, dt \\
&= L_0 + 10\lg \frac{1}{T} \int_{-\infty}^{\infty} \frac{r_0^2}{r_0^2 + (vt)^2} \, dt \\
&= L_0 + 10\lg \frac{1}{T} \cdot \frac{r_0^2}{v^2} \int_{-\infty}^{\infty} \frac{1}{\left(\frac{r_0}{v} \right)^2 + t^2} \, dt \\
&= L_0 + 10\lg \frac{\pi r_0}{TV}
\end{aligned}
\qquad (4\text{-}22)
$$

式（4-22）为单个车辆在参照点 P_0 处的等效声级计算式，式中 T 为计算时间。

4.3.2.2　同种车型车流的等效声级

假设同种车型以相同的车速匀速行驶，车流在参照点 P_0 处等效声级如式（4-23）所示：

$$
\begin{aligned}
L_{eqoi} &= 10\lg \sum_{m=1}^{N_i} 10^{0.1 L_{eqo}} = 10\lg \sum_{m=1}^{N_i} 10^{0.1\left(L_{oi} + 10\lg \frac{\pi r_0}{TV_i} \right)} \\
&= L_{oi} + 10\lg \frac{N_i}{TV_i} + 10\lg \pi r_0
\end{aligned}
\qquad (4\text{-}23)
$$

4.3.2.3　道路交通噪声预测模式

式（4-23）为第 i 种车流在参照点 P_0 处的等效声级计算式。按线声源模型，同时考虑噪声传播途中的地面吸收和障碍物的附加衰减量，距行车线 r 处的等效声级计算式如式（4-24）所示：

$$
\begin{aligned}
L_{eqi} &= L_{oi} + 10\lg \frac{N_i}{TV_i} + 10\lg \left(\frac{r_0}{r} \right) + 10\lg \left(\frac{r_0}{r} \right)^\alpha + 10\lg \pi r_0 + \Delta L \\
&= L_{oi} + 10\lg \frac{N_i}{TV_i} + 10\lg \left(\frac{r_0}{r} \right)^{1+\alpha} + \Delta L - 16
\end{aligned}
\qquad (4\text{-}24)
$$

式中　L_{eqi}——第 i 种车型的车流在接受点处的等效声级，dB；

L_{oi}——第 i 种车型在参照点处的平均辐射噪声级，dB；

N_i——第 i 种车型的车流量，veh/h；

V_i——第 i 种车型的车速，km/h；

r_0——参照点 P_0 距行车线的距离，$r_0=7.5$m；

r——接受点（计算点）距行车线的距离，m；

T——计算时间，一般取 1h；

α——与地面因素有关的吸收因子，一般公路所经地区综合取 $\alpha=0.5$；

ΔL——噪声传播途中障碍物的附加衰减量，dB；

-16——常数，由 $10\lg\pi r_0$ 计算而得（即 $10\lg\pi\times7.5\times10^{-3}=-16$）。

行车道上实际车流为大、中、小三种车型的组合车流，因此，公路交通噪声的等效声级为三种车型车流的等效声级的叠加。如式（4-25）所示：

$$L_{eq} = 10\lg\sum_{i=1}^{n} 10^{0.1L_{eqi}} \tag{4-25}$$

式（4-24）及式（4-25）为长直公路段交通噪声预测模型。应用时接受点（预测计算点）距行车线的距离应满足 $r\geqslant7.5$m。

例 4-1 某高速公路上昼间小时交通量为：小车 703veh/h，中车 245veh/h，大车 182veh/h。各类车的车速为：小车 100km/h，中车 80km/h，大车 65km/h。计算距行车线 100m 处的等效声级。公路路面为沥青混凝土，路面高出地面 0.5m，公路与接受点之间无障碍物。

解：

计算各类车型在参照点（$r_0=7.5$m）处的平均辐射噪声级

由式（4-14）、式（4-16）及式（4-17）经计算得：

$$L_{os}=79.9\text{dB}；L_{om}=88.0\text{dB}；L_{ol}=87.1\text{dB}$$

计算各类车流在计算点处（$r=100$m）的小时等效声级，由式（4-24）计算得：

$$L_{eqs}=55.5\text{dB}；L_{eqm}=60.0\text{dB}；L_{eql}=58.7\text{dB}$$

由式（4-25），计算点处总的小时等效声级为：

$$L_{eq} = 10\lg(10^{0.1L_{eqs}} + 10^{0.1L_{eqm}} + 10^{0.1L_{eql}}) = 63.2\text{dB}$$

4.3.2.4 预测模式中参数的取值

（1）等效行车道

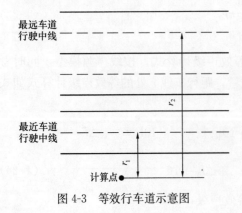

图 4-3 等效行车道示意图

公路一般设有双向四车道，有的为双向六车道。噪声计算时采用的是等效行车道，即认为公路上的车辆集中在等效行车道上形成车流。等效行车道的中心线称为等效行车线，接受点至等效行车线的距离为距最近行车道中心线的距离 r_1 与距最远行车道中心线的距离 r_2 的几何平均值（见图 4-3）。如式（4-26）所示：

$$r = \sqrt{r_1 \cdot r_2} \tag{4-26}$$

（2）声源及接受点高度

声源高度是指距路面的高度。因车辆行驶

噪声由动力噪声和轮胎噪声构成，各类车辆的声源高度为：小型车 0.2~0.5m，中型车 0.7~1.0m，大型车约 1.5m。噪声计算三种车型的等效声级时，应采用其对应的声源高度。为了简化计算，也可采用三种车型的平均高度，一般取 1.0m。

根据有关规定，接受点设在建筑物窗前 1m 处，距地面 1.2m。楼房二层及以上各层的接受点高度与窗台相平。

（3）有限长路段的修正

当道路在接受点两端的长度大于 4 倍接受点至行车线的距离时，应用预测模式计算的噪声级可不作路段长度修正。否则，应进行路段长度修正，接受点的噪声级计算式如式 (4-27) 所示：

$$L_{eqc} = L_{eq}(\text{用模式计算值}) + \Delta L_c(\text{路段修正值}) \tag{4-27}$$

式中路段修正值 ΔL_c 的单位是 dB。$\Delta L_c = 10\lg(\theta/180°)$，$\theta$ 为计算点对路段的张角。

（4）障碍物的附加衰减量

路堑、高路堤和路侧的山丘、土岗等是噪声传播途中的声屏障，会对噪声产生附加衰减。其衰减量计算请参阅道路声屏障设计的有关内容。

一般农村民房比较分散，在噪声预测时，接受点设在第一排房屋的窗前，随后建筑的环境噪声级可按表 4-9 进行估算。

农村房屋噪声衰减量估算表 表 4-9

房屋状况	衰减量 ΔL
第一排房屋占地面积 40%~60%	3dB
第一排房屋占地面积 70%~90%	5dB
每增加一排房屋	1.5dB，最大衰减量≤10dB

林带对噪声的衰减量因树林品种、种植方式、稠密度及季节等变化而差别很大。通常树林的平均衰减量用下式（4-28）估算：

$$\Delta L = k \cdot b \tag{4-28}$$

式中　k——林带的平均衰减系数，取 $k=0.12~0.18$dB；

　　　b——噪声通过林带的宽度，m。

由上式可以看出，对于宽度不大（例如 10m）的绿化林带，其实际衰减量是有限的，不应把绿化林带的降噪效果估计过高，然而绿化对人的心理作用往往大于其实际降噪作用。

4.3.3　城市道路交通噪声预测

对于城市现有道路的交通噪声采用实测更为实用可靠。对于新建和改、扩建道路可采取类比调查预测或模式计算预测。下面介绍城市道路交通噪声的预测模式。

4.3.3.1　城市街道声场

城市交通干道（主要街道）车辆辐射的噪声被路面及两侧建筑物等界面的反射、吸收，使街道形成了非封闭的混响声场（见图 4-4）。

声场中任一点的噪声由汽车辐射直接到达的噪声（称直达声）和经界面反射到达的噪声（称混响声），因此声场中的声能量由直达声能量（I_D）和混响声能量（I_R）两部分构

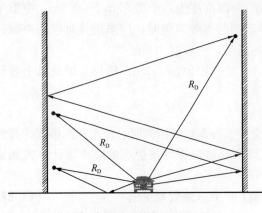

图 4-4　城市街道声场示意图

成。其计算式如式（4-29）所示：

$$I = I_D + I_R \text{ 或}$$

$$L_p = 10\lg(10^{0.1L_D} + 10^{0.1L_R})（4-29）$$

4.3.3.2　城市街道交通噪声预测模式

目前我国城市交通量急剧增长，车速迅速下降，且车型的构成也发生了很大变化。大中城市的交通量中，小型客车占70%以上，摩托车占20%左右，而大、中型车比例很小。

（1）直达声的等效声级

1）车流的声功率级

据实测，当车辆在中、低档车速时，辐射的声功率级与车速有如式（4-30）关系：

$$L_{wi} = 0.2V_i + C_i \tag{4-30}$$

式中　L_{wi}——第 i 种车型单车辐射的声功率级，dB；

　　　V_i——第 i 种车型的平均车速，km/h；

　　　C_i——与车辆类型有关的常数，dB。据我们测量，在中低档车速时，小客车 $C_1 = 87.0$；中型车 $C_2 = 91.0$；大型车 $C_3 = 94.2$；摩托车 $C_4 = 85.0$。

由式（4-30）可以看出，如把小型车辐射的声功率级作为基数，在相同车速下，当其余车型辐射的声功率级为：1中型车相当于2.5小型；1大型相当于5.2小型；1摩托车相当于0.6小型。由此，街道上混合车流辐射的平均声功率级可按下式（4-31）计算：

$$\overline{L}_w = 0.2\overline{V} + 10\lg(a_1 + 2.5a_2 + 5.2a_3 + 0.6a_4) + 87.0 \tag{4-31}$$

式中　　　$\overline{L}_w$——街道混合车流辐射的平均声功率级，dB；

$a_1、a_2、a_3、a_4$——分别为小型、中型、大型和摩托车在车流量中占的百分比，%；

　　　　$\overline{V}$——混合车流的平均车速，km/h。

混合车流的平均车速按下式（4-32）计算：

$$\overline{V} = \frac{\Sigma V_i N_i}{\Sigma N_i} \tag{4-32}$$

式中　V_i——第 i 种车型的平均车速，km/h；

　　　N_i——第 i 种车型的小时交通量，veh/h。

2）直达声等效声级计算式

假定街道上的车流为不连续的线声源（通常是满足的），车流辐射直达声的等效声级计算式如式（4-33）所示为：

$$L_{eqD} = \overline{L}_w - 10\lg r - B \tag{4-33}$$

式中　$\overline{L}_w$——街道混合车流的平均声功率级，dB；

　　　r——接受点距等效行车线的距离，m；

　　　B——常数。据测量，两侧建筑红线之间距离较宽，并设有绿化带的道路（如城市环道）取 $B = 30\sim33$dB，市区主要街道取 $B = 33\sim35$dB。

（2）混响声等效声级计算式

街道内混响声级的大小与车流的声功率、街道宽度及界面对声波的吸收性能等有关。由于街道对声波的吸收系数很难确定（甚至无法确定），因此，混响声的等效声级采用下式（4-34）估算：

$$L_{eqR} = \overline{L}_w - Ab \tag{4-34}$$

式中　b——街道宽度，m；

　　　A——与街道界面对声波吸收性能有关的系数，dB/m。据测定，A 值的范围为 0.90~0.95dB/m。

4.4　道路交通环境影响研究示例

4.4.1　概述

4.1节、4.2节、4.3节介绍了常用的道路交通环境影响预测方法。这些预测方法多从环境科学的角度研究道路交通问题，与道路交通实际，尤其是与道路几何线形设计条件结合不够紧密。在实际工作中，往往由于没有很好地针对一个具体的道路几何设计条件进行分析，而影响了环境影响评价工作的质量。为此，当现有的预测方法不能满足定量评价的需要时，需要我们自己针对要评价项目的特点进行计算。下面以道路网中环境影响的关键节点——道路立交为例，给出如何将道路几何线形与环境影响相结合，研究道路立体交叉的环境污染计算问题。

目前的研究中，对道路路段机动车排放污染研究得较多，对交叉口，特别是道路立交研究得较少。道路立交形式多样、结构复杂，几何设计条件直接影响着机动车污染排放量。而现有的研究没有将机动车排放污染与道路立交的几何线形联系起来，定量研究偏少。与道路路段相比，道路立交机动车污染排放计算的关键在于匝道变速运动段污染的计算。研究根据机动车排放污染随行驶距离逐渐积累的原理，先建立车速与匝道长度之间关系，通过污染排放与车速之间关系，推导出污染排放与匝道长度之间的关系，通过对匝道长度的积分，求得匝道变速运动段的污染总量。以此为基础，推导出道路立交匝道、主线的机动车排放污染计算公式，为道路立交的污染预测提供依据。

4.4.2　匝道机动车排放污染计算

4.4.2.1　匝道变速运动段车速与匝道长度关系

道路立交主要是由主线和匝道组成的，在进行道路立交机动车排放污染计算的时候，匝道是研究的重点和难点，因为匝道上机动车行驶速度变化十分复杂，不仅有匀速运动，还有变速运动。对于匀速运动段，机动车排放污染的计算可以按照通常的方法进行；对于变速运动段，机动车排放污染是随行驶距离的增加逐渐累加的。根据这个原理，研究思路是：先建立车速与匝道长度间关系，通过污染排放量与车速间关系，推导出污染排放量与匝道长度间关系，通过对匝道长度的积分运算，求得机动车在变速运动段的污染总量。为此，将匝道上车速的变化过程分为一个减速和一个加速过程、只有一个减速过程、只有一个加速过程、一个以上减速和加速过程四种情况，分别建立车速与匝道长度间关系。研究表明，虽然匝道的线形单元组成不同，能够保证机动车的行驶速度不同，车速与匝道长度之间关系的具体表达式不同，但表达式的形式是一样的，均可以用公式（4-35）来表示：

$$V = el^2 + fl + g \qquad (4\text{-}35)$$

式中　V——机动车在匝道上的行驶速度，km/h；

　　　l——机动车驶过的匝道长度，m；

e、f、g——系数。

公式（4-35）中系数 e、f、g 的标定可以分为以下几步：（1）分析匝道的线形单元组成情况；（2）分析匝道纵坡坡度的变化情况；（3）根据匝道几何线形的组成情况及能够保证的速度，列出每个坡度段的初速度和末速度，利用公式（4-36）求减速度（加速度）a，寻求此坡度段速度变化规律；（4）拟合得到机动车在匝道上的行驶速度与匝道长度间关系。

$$V_1 = \sqrt{25.92(a \pm i \cdot g)l + V_0^2} \qquad (4\text{-}36)$$

式中　V_1——坡度段的末速度，m/s；

　　　V_0——坡度段的初速度，m/s；

　　　a——坡度段的加速度，m/s^2；

　　　i——坡度段的坡度；

　　　l——坡度段的长度，m。

4.4.2.2　变速运动段机动车排放污染

对于变速运动段机动车排放污染的计算，需要先建立单车污染排放因子 E_{ij} 与车速间拟合关系。这里 E_{ij} 指的是 i 型机动车行驶单位里程 j 种污染物排放量，单位是 g/（km·辆）。通过汇总、分析相关文献的研究成果，建立了 5 种车型，3 种污染 E_{ij} 与车速间的拟合关系，见表 4-10。

单车污染排放因子与速度间关系　　　　　　　　　　　　　　　　表 4-10

车　型	污　染	排放因子与速度关系
小型车	CO	$E_{11} = 0.0159V^2 - 2.6093V + 114.67$
	HC	$E_{12} = 0.0012V^2 - 0.221V + 13.628$
	NO$_x$	$E_{13} = 0.0007V^2 - 0.0775V + 5.0902$
中型车	CO	$E_{21} = 0.0151V^2 - 2.6429V + 131.08$
	HC	$E_{22} = 0.002V^2 - 0.3181V + 18.364$
	NO$_x$	$E_{23} = 0.0007V^2 - 0.0775V + 7.0902$
大型车	CO	$E_{31} = 0.0163V^2 - 2.7902V + 149.85$
	HC	$E_{32} = 0.0022V^2 - 0.3773V + 22.938$
	NO$_x$	$E_{33} = 0.0012V^2 - 0.1297V + 13.414$
特大型车	CO	$E_{41} = 0.033V^2 - 5.5918V + 297.87$
	HC	$E_{42} = 0.0033V^2 - 0.566V + 34.407$
	NO$_x$	$E_{43} = 0.0015V^2 - 0.1686V + 17.438$

由表 4-10 可知，E_{ij} 与车速间关系可用式（4-37）表示：

$$E_{ij} = aV^2 + bV + d \qquad (4\text{-}37)$$

式中　E_{ij}——单车污染排放因子 E_{ij}，g/（km·辆）；

　　　i——车型，$i=1$，2，3，4，5，分别表示小型车、中型车、大型车、特大型车和摩托车；

　　　j——污染类型，$j=1$，2，3，分别表示 CO、HC 和 NO_x 三种污染；

　　　V——车速，km/h；

a、b、d——系数。

需要说明的是，加速度和负荷对排放的影响很大，但由于速度是决定道路立交几何设计条件的关键因素，要研究几何线形对污染排放的影响，故对排放与速度进行回归。

为了寻求机动车排放污染与匝道几何线形间的关系，将式（4-35）代入式（4-37）中，E_{ij} 与 l 间关系如式（4-38）所示：

$$E_{ij} = K_1 l^4 + K_2 l^3 + K_3 l^2 + K_4 l + C_1 \tag{4-38}$$

式（4-38）中系数 K_1、K_2、K_3、K_4 和 C_1 分别为：

$$K_1 = ae^2$$

$$K_2 = 2aef$$

$$K_3 = af^2 + 2aeg + be$$

$$K_4 = 2afg + bf$$

$$C_1 = ag^2 + bg + d$$

机动车在匝道上行驶，其排放的污染是随着驶过的匝道长度逐渐累积的，利用高等数学知识，机动车由匝道 a 点行驶到 b 点单车污染物排放量可以用公式（4-39）表示。

$$q_{ij} = \int_a^b f(l) \mathrm{d}l \tag{4-39}$$

将式（4-38）代入式（4-39）可得式（4-40）：

$$q_{ij} = \int_a^b (K_1 l^4 + K_2 l^3 + K_3 l^2 + K_4 l + C_1) \mathrm{d}l \tag{4-40}$$

将式（4-40）作定积分可得式（4-41）：

$$q_{ij} = \left[\frac{K_1}{5} l^5 + \frac{K_2}{4} l^4 + \frac{K_3}{3} l^3 + \frac{K_4}{2} l^2 + C_1 l \right]_a^b \tag{4-41}$$

积分下限 a、上限 b 分别表示匝道某个线形单元起点和终点的匝道长度。

第 i 种车型，交通量为 A_{zdi}，机动车在变速段排放的第 j 种污染总量如式（4-42）所示：

$$Q_{ij} = A_{zdi} q_{ij} \tag{4-42}$$

机动车在匝道上行驶，变速运动段，五种车型排放的三种污染总量如式（4-43）所示：

$$Q_{zdb} = \sum_{i=1}^5 \sum_{j=1}^3 A_{zdi} q_{ij} \tag{4-43}$$

式中　Q_{zdb}——机动车在匝道上行驶，变速运动段，五种车型排放的三种污染总量，g/h；

　　　A_{zdi}——匝道上第 i 种车型的交通量，辆/h；

　　　q_{ij}——第 i 种车型变速运动段、第 j 种污染的单车污染排放量，g/h。

4.4.2.3　匀速运动段污染排放量

由 E_{ij} 与 V 间关系，将机动车行驶速度代入公式（4-37），求得车速为 V 时的单车污

染排放因子 $E_{ij(V)}$，将 $E_{ij(V)}$、匝道长度 l、第 i 种车型交通量 A_{zdi} 代入公式（4-44）即可求得机动车在匝道上行驶、匀速运动段的污染总量。

$$Q_{zdy} = \sum_{i=1}^{5} \sum_{j=1}^{3} A_{zdi} E_{ij(V)} l \tag{4-44}$$

式中　Q_{zdy}——机动车在匝道上行驶，匀速运动段，五种车型排放的三种污染总量，g/h；

　　　$E_{ij(V)}$——第 i 种车型以速度 V 匀速行驶时 j 种污染单车排放因子，g/（km·辆）；

　　　l——匀速运动段机动车驶过的匝道长度，km。

4.4.2.4　左转匝道机动车排放污染

左转匝道机动车排放污染等于机动车在每条左转匝道上行驶，变速运动段和匀速运动段产生的污染之和，见公式（4-45）：

$$M_{左匝} = \sum_{k_1=1}^{n_1} \sum_{i=1}^{5} \sum_{j=1}^{3} A_{zdk_1 i} \left[q_{ij} + E_{ij(V)} l \right] \tag{4-45}$$

式中　$M_{左匝}$——机动车在左转匝道上行驶产生的机动车排放污染总量，即 CO、HC、NO$_X$ 三种污染之和，g/h；

　　　k_1——左转匝道条数；

　　　n_1——左转匝道总条数；

　　　$A_{zdk_1 i}$——第 k_1 条左转匝道、第 i 种车型的交通量，辆/h。

4.4.2.5　右转匝道机动车排放污染

右转匝道机动车排放污染等于机动车在每一条右转匝道上行驶，变速运动段和匀速运动段产生的污染之和，见公式（4-46）

$$M_{右匝} = \sum_{k_2=1}^{n_2} \sum_{i=1}^{5} \sum_{j=1}^{3} A_{zdk_2 i} \left[q_{ij} + E_{ij(V)} l \right] \tag{4-46}$$

式中　$M_{右匝}$——机动车在右转匝道上行驶产生的机动车排放污染总量，g/h；

　　　k_2——右转匝道条数；

　　　n_2——右转匝道总条数；

　　　$A_{zdk_2 i}$——第 k_2 条右转匝道、第 i 种车型的交通量，辆/h。

4.4.3　主线及立交机动车排放污染计算

4.4.3.1　主线机动车排放污染计算

机动车在主线上通常以一定的速度做匀速运动，其排放污染计算方法与匝道匀速运动段相同。设立交共有 m 条主线，第 g 条主线的设计速度为 V_g，相应车速下的单车排放因子为 $E_{ij(Vg)}$，主线 g 第 i 种车型的交通量为 A_{zxgi}，长度为 l_{zg}，则所有主线机动车排放污染总量如公式（4-47）：

$$M_{主} = \sum_{g=1}^{m} \sum_{i=1}^{5} \sum_{j=1}^{3} A_{zxgi} E_{ij(V_g)} l_{zg} \tag{4-47}$$

式中　$M_{主}$——所有主线上机动车排放污染总量，g/h；

g——立交主线条数；

m——立交主线总条数；

A_{zxgi}——第 g 条主线、第 i 种车型的交通量，辆/h；

$E_{ij(V_g)}$——第 g 条主线、第 i 种车型、第 j 种污染单车排放因子，g/(km·辆)；

l_{zg}——第 g 条主线的长度，km。

4.4.3.2 立交机动车排放污染计算

立交主要是由主线和匝道组成，立交范围内机动车排放污染是所有主线和匝道上行驶的机动车排放污染之和。由前面的讨论可知，主线上机动车排放污染可用公式（4-47）计算，匝道上机动车排放污染可用公式（4-45）、（4-46）计算，相加后便得到整个道路立交机动车排放污染总量 M，见公式（4-48）。

$$M = \sum_{g=1}^{m} \sum_{i=1}^{5} \sum_{j=1}^{3} A_{zxgi} E_{ij(V_g)} l_{zg} + \sum_{k_1=1}^{n_1} \sum_{i=1}^{5} \sum_{j=1}^{3} A_{zdk_1 i}(q_{ij} + E_{ij(v)} l)$$

$$+ \sum_{k_2=1}^{n_2} \sum_{i=1}^{5} \sum_{j=1}^{3} A_{zdk_2 i}(q_{ij} + E_{ij(v)} l) \tag{4-48}$$

式中　M——道路立交机动车排放污染总量，g/h。

其余符号含义同上。

4.4.4　实例分析

以位于黑龙江省依宝公路与鹤大公路交叉处的鹤大立交设计方案二为例，利用本书的方法对其机动车排放污染进行计算。方案二示意见图 4-5。

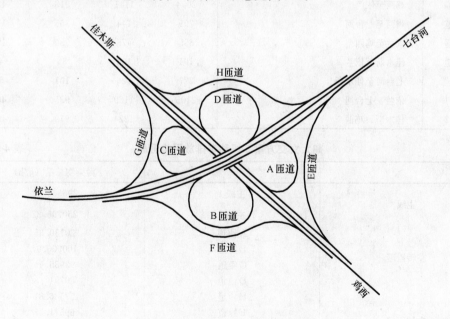

图 4-5　鹤大立交方案二示意图

根据立交设计文件，利用前面的方法，匝道变速运动段机动车行驶速度和匝道长度拟合关系见表 4-11，方案二目标年交通量见表 4-12。

名　称	变速运动段桩号	拟　合　关　系
A 匝道	k0+600～k0+737	$V=2E+04l^2-0.1489l+83.474$
B 匝道	k0+000～k0+350	$V=6E+04l^2-0.2269l+70.541$
	k0+350～k0+779	$V=6E+04l^2-0.6069l+214.7$
C 匝道	k0+000～k0+730	$V=2E+04l^2-0.1016l+71.35$
D 匝道	k0+000～k0+380	$V=5E+04l^2-0.2003l+69.507$
	k0+380～k0+761	$V=6E+04l^2-0.6288l+224.04$
E 匝道	k0+700～k0+896	$V=-5E-05l^2+0.0962l+68.016$
F 匝道	k0+000～k0+160	$V=-6E-05l^2-0.0846l+84.991$
G 匝道	k0+650～k0+801	$V=-8E-05l^2+0.2322l-48.035$
H 匝道	k0+000～k0+180	$V=-6E-05l^2-0.0838l+84.986$

由表 4-11 可以看出，通过对各条匝道几何线形单元的分析，利用公式（4-35）、（4-36）可以拟合得到机动车在匝道上的行驶速度与匝道长度之间的关系。

名　称	方　向	小型车	中型车	大型车	特大型车
A 匝道	依兰至佳木斯	390	217	173	87
B 匝道	佳木斯至七台河	260	144	116	58
C 匝道	七台河至鸡西	1685	936	749	375
D 匝道	鸡西至依兰	2054	1141	913	456
E 匝道	鸡西至七台河	799	444	355	178
F 匝道	依兰至鸡西	855	475	380	190
G 匝道	佳木斯至依兰	191	106	85	42
H 匝道	七台河至佳木斯	227	126	101	50
主线 1	依兰、七台河	2105	1169	935	468
主线 2	佳木斯、鸡西	2203	1224	979	490

名　称		污染物总量（g/h）
主线	主线 1	295365.12
	主线 2	250796.22
左转匝道	A 匝道	20130.35
	B 匝道	100900.97
	C 匝道	93985.46
	D 匝道	807917.8
右转匝道	E 匝道	57586.81
	F 匝道	69571.57
	G 匝道	34164.46
	H 匝道	19215.65
合　计		1203473.07

由表 4-13 可以看出，根据表 4-10 中单车污染排放因子与速度间关系，表 4-11 中匝道变速段机动车行驶速度和匝道长度拟合关系，利用公式（4-38）能够得到单车污染排放因子和匝道长度之间关系，根据公式（4-42）可以得到 i 车型变速运动段的污染物排放量，根据表 4-12 目标年交通量，利用公式（4-44）～公式（4-48）可以计算得到各条匝道、主线以及整个立交 CO、NO_x、HC 三种机动车排放污染总量。

第5章 道路交通环境影响评价

5.1 道路交通环境影响评价的含义与分类

道路交通环境影响评价是环境影响评价在道路交通领域的发展和应用，目的是为了实施可持续发展战略，预防因规划和建设项目实施后对环境造成不良影响，促进经济、社会和环境的协调发展。按照法律规定，道路交通环境影响评价必须客观、公开、公正，综合考虑规划或者建设项目实施后对各种环境因素及其所构成的生态系统可能造成的影响，为决策提供科学依据。

根据时间顺序，可以把环评分为三大类：规划环评、项目环评和后评价。

5.1.1 道路交通规划环境影响评价

根据《中华人民共和国环境影响评价法》，规划环境影响评价是指对规划实施后可能造成的环境影响进行分析、预测和评估，提出预防或者减轻不良环境影响的对策和措施，进行跟踪监测的方法与制度。就其功能、目标和程序而言，规划环境影响评价是一种结构化的、系统的和综合性的过程，用以评价规划的环境效应（影响），规划应有多个可替代的方案；通过评价将结论融入拟制定的规划中或提出单独的报告，并将成果体现在决策中，以保障可持续发展战略落实在规划中。

根据上述要求，道路交通规划环境影响评价是对要实施的交通政策或编制的公路网规划、城市交通综合规划、公共交通规划等专项规划进行系统性地识别、分析和预测、评估，从环境保护角度寻求最佳方案，提出减缓措施和建议，以使政策或规划实施后产生的环境影响降至最低。

5.1.2 道路交通建设项目环境影响评价

道路交通建设项目环境影响评价是指在道路交通项目建设的可行性研究阶段，对其建设运营可能产生的自然环境、社会环境影响、噪声、空气污染等影响进行系统性的识别、预测、分析、评价，提出切实可行的环境保护措施，以使产生的负面影响降至最低。

根据《中华人民共和国环境影响评价法》，道路交通建设项目的环境影响评价应当避免与规划的环境影响评价相重复；作为一项整体建设项目的规划，按照建设项目进行环境影响评价，不进行规划的环境影响评价；已经进行了环境影响评价的规划所包含的具体建设项目，其环境影响评价内容可以简化。

5.1.3 道路交通建设项目后评价

道路交通建设项目后评价是建设项目基本建设程序完成的必需环节，它是一种在项目实施运行以后（一般为 2~3 年），根据现实数据或变化了的情况，重新对项目的投资决策、前期工作及建设、运营效果进行考核、检验、分析论证，做出科学、准确的评价结论的技术经济活动。它不仅可以考察项目实施后的实际运行情况，而且可以衡量和分析实际情况与预测情况的差距，确定项目前评价中的预测、判断、结论是否正确，并分析原因，吸取教训，总结经验，根据变化的情况和实际运营情况为项目发展提出措施和建议，为今后改进项目前评价工作以及同类项目立项决策和建设提供依据。道路交通建设项目后评价是提高项目投资决策和管理水平，提高项目可行性研究工作质量及项目成功运作的有效手段。

5.2 常用的评价标准

5.2.1 我国的环境标准体系

5.2.1.1 环境标准的概念及作用

环境标准是控制污染、保护环境的各种标准的总称。它是为了保护人群健康、社会物质财富和促进生态良性循环，对环境结构和状态，在综合考虑自然环境特征、科学技术水平和经济条件的基础上，由国家按照法定程序制定和批准的技术规范；是国家环境政策在技术方面的具体体现，也是执行各项环境法规的基本依据。

环境标准的作用有：

（1）环境标准是制定环境规划和环境计划的主要依据。

（2）环境标准是环境评价的准绳。

（3）环境标准是环境管理的技术基础。

（4）环境标准是提高环境质量的有效手段。

5.2.1.2 我国目前主要的环境标准

截至 2000 年 5 月 31 日，环境标准共计 431 项，其中国家环境标准 364 项，国家环境保护总局标准 67 项。我国的环境标准体系见图 5-1。

（1）环境质量标准

环境质量标准是指在一定时间和空间范围内，对各种环境介质（如大气、水、土壤等）中的有害物质和因素所规定的容许容量和要求，是衡量环境是否受到污染的尺度，以及有关部门进行环境管理、制定污染排放标准的依据。环境质量标准分为国家和地方两级。国家环境质量标准是由国家按照环境要素和污染因素规定的环境质量标准，适用于全国范围。地方环境质量标准是地方根据本地区的实际情况对某些标准的更严格要求，是对国家标准的补充、完善和具体化。我国现行的主要环境质量标准见表 5-1。

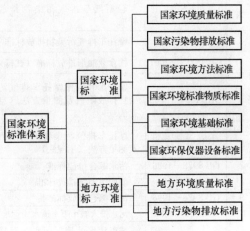

图 5-1 我国的环境标准体系

主要环境质量标准 表 5-1

序号	标准号	标准名称	序号	标准号	标准名称
1	GB 3095—1996	环境空气质量标准	10	GB 3096—93	城市区域环境噪声标准
2	GB 9137—88	保护农作物的大气污染物最高允许浓度	11	GB 9660—88	机场周围飞机噪声环境标准
			12	GB 10070—88	城市区域环境振动标准
3	GB 3097—1997	海水水质标准	13	GB 11339—89	城市港口及江河两岸区域环境噪声标准
4	GB 3838—2002	地表水环境质量标准			
5	GB 11607—89	渔业水质标准	14	GB 5979—86	海洋船舶噪声级规定
6	GB 12941—91	景观娱乐用水水质标准	15	GB/T 5980—2000	内河船舶噪声级规定
7	GB/T 14848—93	地下水质量标准	16	GB 15618—1995	土壤环境质量标准
8	CJ 3020—93	生活饮用水水源水质标准	17	GB 5749—85	生活饮用水卫生标准
9	GB 5084—92	农田灌溉水质标准			

（2）污染物排放标准

污染物排放标准是根据环境质量要求，结合环境特点和社会、经济、技术条件，对污染源排入环境的有害物质和产生的有害因素所做的控制标准，或者说是排入环境的污染物和产生的有害因素的允许限值或排放量（浓度）。规定了污染物排放标准，就可以有效地控制污染物的排放，就能促进排污单位采取各种有效措施加强管理和污染物治理，使污染物排放达到国家规定的标准，实现环境质量目标的要求。污染物排放标准也分为国家污染物排放标准和地方污染物排放标准两级。污染物排放标准按污染物的状态可以分为气态污染物排放标准、液态污染物排放标准、固态污染物排放标准及物理（如噪声、振动、电磁辐射等）控制标准。我国现行与道路交通相关的主要污染物排放标准见表 5-2。

与道路交通相关的主要污染物排放标准 表 5-2

序号	标准号	标准名称	序号	标准号	标准名称
1	GB 16297—1996	大气污染物综合排放标准	13	GB 12523—90	建筑施工场界噪声限值
2	GB 14761.1—93	轻型汽车排气污染物排放标准	14	GB 12525—90	铁路边界噪声限值及其测量方法
3	GB 14621—93	摩托车排气污染物排放标准	15	GB 14227—93	地下铁道车站站台噪声限值
4	GB 18483—2001	饮食业油烟排放标准（试行）	16	GB 16169—2005	摩托车和轻便摩托车加速行驶噪声限值及测量方法
5	GB 14624—2002	摩托车和轻便摩托车排气污染物排放限值及测量方法（怠速法）	17	GB 16170—1996	汽车定置噪声限值
6	GB 14622—2002	摩托车排气污染物排放限值及测量方法（工况法）	18	GB 18597—2001	危险废物贮存污染控制标准
7	GB 8978—1996	污水综合排放标准	19	GB 18599—2001	一般工业固体废物贮存、处置场污染控制标准
8	GB 3552—83	船舶污染物排放标准	20	GB 18598—2001	危险废物填埋污染控制标准
9	GB 8978—1996	污水综合排放标准			
10	CJ 3082—1999	污水排入城市下水道水质标准	21	GB 16889—1997	生活垃圾填埋污染物控制标准
11	CJ 3025—93	城市污水处理厂污水污泥排放标准	22	GB 18484—2001	危险废物焚烧污染控制标准
12	GB 18918—2002	城镇污水处理厂污染物排放标准	23	GB 18485—2001	生活垃圾焚烧污染控制标准

（3）环境基础标准

这是在环境保护工作范围内，对有指导意义的有关名词术语、符号、指南、导则等所作的统一规定。

（4）环境方法标准

这是在环境保护工作中，以试验、分析、抽样、统计、计算等方法为对象而制定的标准，是制定和执行环境质量标准和污染物排放标准，实现统一管理的基础，如大气污染物测试方法、噪声测量方法、水质分析方法标准等。

（5）环境标准样品标准

这是对环境标准样品必须达到的要求所作的规定。环境标准样品是环境保护工作中，用来标定仪器、验证测量方法、进行量值传递或质量控制的标准材料或物质，如土壤ESS-1标准样品（GSBZ 500011—87）、水质COD标准样品（GSBZ 500001—87）等。

（6）环保仪器设备标准

为了保证污染物监测仪器所监测数据的可比性和可靠性，以保证污染治理设备运行的各项效率，对有关环境保护仪器设备的各项技术要求也编制统一的规范和规定，均为环保仪器设备标准。

5.2.2 大气标准

到目前为止，我国已颁布的大气标准有：《环境空气质量标准》GB 3095—1996；《保护农作物的大气污染最高允许浓度》GB 9137—88；《大气污染物综合排放标准》GB 16297—1996；《火电厂大气污染物排放标准》GB 9078—1996；《炼焦炉大气污染物排放标准》GB 16171—1996等。在此仅以《环境空气质量标准》GB 3095—1996为例进行介绍。

《环境空气质量标准》中规定，按环境空气功能区划分为三类：一类区为自然保护区、风景名胜区和其他需要特殊保护的地区；二类区为城镇居住、商业交通居民混合区、文化区、一般工业区和农村地区；三类区为特定工业区。

《环境空气质量标准》分三级：一类区执行一级标准；二类区执行二级标准；三类区执行三级标准。与道路交通空气污染有关的各种污染物浓度限值见表5-3。

与道路交通相关的污染物浓度限值　　　　　　　　　　　　　　　　表5-3

污染物名称	取值时间	浓度限值			浓度单位
		一级标准	二级标准	三级标准	
一氧化碳 CO	日平均 1h平均	4.00 10.00	4.00 10.00	6.00 20.00	mg/m³ （标准状态）
二氧化氮 NO₂	年平均 日平均 1h平均	0.04 0.08 0.12	0.08 0.12 0.24	0.08 0.12 0.24	
总悬浮颗粒物 TSP	年平均 日平均	0.08 0.12	0.20 0.30	0.30 0.50	
可吸入颗粒物 PM₁₀	年平均 日平均	0.04 0.05	0.10 0.15	0.15 0.25	
二氧化硫 SO₂	年平均 日平均 1h平均	0.02 0.05 0.15	0.06 0.15 0.50	0.10 0.25 0.70	

5.2.3 噪声标准

所谓噪声防治并不是完全消除噪声，完全消除噪声是没有必要的，也是不可能的。噪声控制就是要用最经济的方法把噪声限制在某种合理的范围内，各种环境条件下的噪声适宜范围便是噪声标准。所谓噪声标准就是规定噪声级不宜或不得超过的限制值（即最大容许值）。在这样的条件下，噪声对人仍存在有害影响，只是不会产生明显的不良后果。

《中华人民共和国环境噪声污染防治条例》是实施噪声控制的保障与依据，据此，我国颁布了一系列噪声标准和噪声控制的规定。目前为止，我国已颁布的噪声标准有：《城市区域环境噪声标准》GB 3099—93；《机场周围飞机噪声环境标准》GB 9660—88；《城市港口及江河两岸区域环境噪声标准》GB 11339—89；《工业企业场界噪声标准》GB 12348—90；《建筑施工场界噪声限值》GB 12523—90；《地下铁路车站站台噪声限值》GB 14227—93；《摩托车和轻便摩托车噪声限值》GB 16169—1996；《汽车定置噪声限值》GB 16170—1996 等。与道路交通相关的主要是 GB 3095—93 和 GB 1496—79。

5.2.3.1 《城市区域环境噪声标准》GB 3095—93

我国于 1993 年重新颁布了《城市区域环境噪声标准》GB 3096—93，标准规定见表 5-4。

城市区域环境噪声标准   表 5-4

适用区域	类别	昼间	夜间
疗养区、高级别墅区、高级宾馆等特别需要安静区域	0	50	40
以居住、文教机关为主的区域	1	55	45
居住、商业、工业混杂区	2	60	50
工业区	3	65	55
道路干线两侧、内河航道两侧区域、铁路主次干线两侧区域的背景噪声限值	4	70	55

5.2.3.2 机动车辆噪声标准

1979 年我国颁布的《机动车辆允许噪声标准》GB 1496—79 对机动车辆的噪声作检验控制，标准规定见表 5-5。

机动车辆允许噪声标准   表 5-5

车辆种类		加速最大 A 声级（7.5m 处）(dB)	
		1985 年 1 月 1 日前生产的	1985 年 1 月 1 日后生产的
载重车	8~15t	92	89
	3.5~8t	90	86
	<3.5t	89	84
轻型越野车		89	84
公共汽车	4~11t	89	86
	<4t	88	83
小客车		84	82
摩托车		90	84
轮式拖拉机（44kW）		91	86

5.2.4 水质标准

目前，我国已颁布的水质标准有：《地面水环境质量标准》GB 3838—88；《海水水质标准》GB 3097—82；《渔业水质标准》GB 11607—89；《景观娱乐用水水质标准》GB 12941—91；《地下水质量标准》GB/T 14848—33；《污水综合排放标准》GB 8978—1996；《生活饮用水卫生标准》GB 5749ed5；还有行业污水排放标准：《造纸工业水污染物排放标准》GB 354—92；《钢铁工业水污染物排放标准》GB 5084—92；《合成氨工业水污染物排放标准》等。与道路交通有关的主要是《GB 3838—88》和《GB 8978—1996》两个标准。

5.2.4.1 《地面水环境质量标准》GB 3838—88

按地面水域使用目的和保护目标把水域功能分为五类：

(1) Ⅰ类主要适用于源头水，国家自然保护区。

(2) Ⅱ类主要适用于集中式生活饮用水水源地一级保护区，鱼虾产卵场等。

(3) Ⅲ类主要适用于集中式生活饮用水水源地二级保护区，一般鱼类保护区及游泳区。

(4) Ⅳ类主要适用于一般工业用水区及人体非直接接触的娱乐用水区。

(5) Ⅴ类主要适用于农业用水区及一般景观要求水域。

同一水域兼有多种功能，依最高功能划分类别。有季节性功能的，可分季划分类别。

标准规定了不同功能水域执行不同标准值，但不得用瞬时一次监测值使用本标准。还规定标准值单项超标，即表明使用功能不能保证、危害程度应参考背景值及水生生物调查数据及硬度修正方程式及有关基准资料综合评价。标准还规定了水质监测取样点和监测分析方法。

5.2.4.2 《污水综合排放标准》GB 8978—1996

本标准也有很多技术要求，标准分级为一级标准、二级标准和三级标准。排放的污染物按其性质分为两类：第一类污染物不分行业和污水排放方式，也不分受纳水的功能类别，一律在车间或车间处理设施排放口采样、其最高允许排放浓度必须达到该标准要求。第二类污染物在排污单位排放口采样、其最高允许排放浓度必须达到本标准亚球。本标准还有一些其他规定，请参阅相关文献。

5.3 环境影响评价程序及内容

5.3.1 环境影响评价的工作程序

环境影响评价工作程序如图 5-2 所示。环境影响评价工作大体分为三个阶段：

(1) 准备阶段

主要工作是研究有关文件，进行初步的工程分析和环境现状调查，筛选重点评价内容，确定各单项环境影响评价的工作等级，编制评价工作大纲。

(2) 正式工作阶段

主要工作是完成工程分析和环境现状调查监测评价，并进行环境影响预测和评价环境

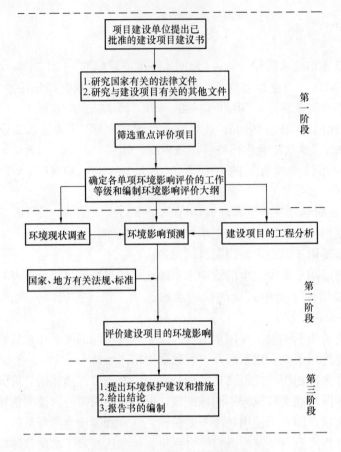

图 5-2　环境影响评价工作程序流程

影响。

（3）报告书编制阶段

主要工作为汇总、分析第二阶段工作所得到的各种资料、数据，编制完成环境影响报告书。报告书中应该给出项目环境影响控制对策与环保措施、项目建设评价结论与建议。

5.3.2　环境影响评价工作等级的确定

评价工作的等级是指需要编制环境影响评价和各专题工作深度的划分。各单项环境影响评价划分为三个工作等级，一级评价最详细，二级次之，三级较简略。各单项环境影响评价工作等级划分的详细规定，请参阅中华人民共和国环境保护行业标准《环境影响评价技术导则》相关规定。工作等级的划分依据如下：

（1）建设项目的工程特点（工程性质、工程规模、能源、资源使用量及类型等）。

（2）项目所在地区的环境特征（自然环境特点、环境敏感程度、环境质量现状及社会经济状况等）。

（3）国家或地方政府所颁布的有关法规（包括环境质量标准和污染物排放标准）。对于某一具体建设项目，在划分各评价项目的工作等级时，根据建设项目对环境的影响、所在地区的环境特征或当地对环境的特殊要求情况可以作适当调整。

5.3.3 环境影响评价大纲的编写

环境影响评价大纲是环境影响评价报告书的总体设计和行动指南，是具体指导环境影响评价的技术文件，也是检查报告书内容和质量的主要依据。该文件应在充分研读有关工程相关文件、进行初步的工程分析和环境现状调查后形成。

评价单位在接受委托后，首先应进行工程基本资料的收集和整理工作。工程基本资料包括如项目的立项批复和工程的可行性研究报告等工程相关的文件和技术资料。环境影响评价是以公路工程的工程可行性研究报告为基础，以工程可行性确定的工程方案为主要依据。

在研究工程技术资料的同时，可开始编写大纲的工程概况部分。工程概况是环境主管部门和评审专家了解工程的主要途径。因此要求工程概况要清楚、翔实和准确无误，并能够充分反映工程特点。了解工程的基本情况后，可以根据工程可能产生的环境影响情况，进行初步工程分析。在工程分析中应阐明工程建设和营运过程中的污染环节，以及各环节中污染物的排放种类、数量、估算浓度和拟采取的防治措施等。

在对工程可行性研究报告进行深入的研究之后，应开始公路沿线环境的初步踏勘。踏勘工作应根据事先拟定的调研提纲和方案进行，调研工作应符合公路工程线性影响特点，以工程线路为主轴，在评价范围内进行。

取得初步踏勘资料后，可开始根据沿线社会、经济和自然环境的概况，依据公路环境影响评价导则的基本要求筛选环境保护目标、确定评价重点和不同环境要素的评价等级，并根据评价重点和评价等级分析各项评价的工作要点，进而开始编制环境影响评价大纲。

评价大纲一般包括以下内容：

（1）总则。包括评价任务的由来、编制依据，控制污染和保护环境的目标，采用的评价标准，评价项目及其工作等级和重点等。

（2）建设项目概况。

（3）拟建项目地区环境简况。

（4）建设项目工程分析的内容与方法。

（5）环境现状调查。根据已经确定的各评价项目工作等级、环境特点和影响预测的需要，尽量详细地说明调查参数、调查范围及调查的方法、时期、地点、次数等。

（6）环境影响预测与评价建设项目的环境影响。包括预测方法、内容、范围、时段及有关参数的估值方法，对于环境影响综合评价，应说明拟采用的评价方法。

（7）评价工作成果清单。包括拟提出的结论和建议的内容。

（8）评价工作组织、计划安排。

（9）经费概算。

大纲编制完成，由建设单位向负责审批的环境保护部门申报，并抄送行业主管部门，经技术评审后，将由环境保护部门提出大纲评审意见，以此文件和评审会上专家提供的意见为依据对评价大纲进行修改后，即可将其作为报告书编制的主要依据。

5.3.4 环境影响评价专题及其主要内容

建设项目环境影响评价的专题及其内容，由项目性质和当地的环境状况等经环境影响评价因子筛选后确定。下面简要介绍道路建设项目进行环评时通常设置的专题及其内容。

5.3.4.1　社会环境影响评价专题

社会环境影响评价专题内容，由地区社会环境现状分析、项目影响预测评价和缓减（或降低）影响措施（建议）三部分组成。

项目对社会环境的影响预测评价应针对筛选出的评价因子进行。道路建设对社会环境的正面影响是主要的，除道路了交通自身的经济效益外，对地区的经济发展有很大的推动作用，对老、少、边、贫地区有促进民族团结和扶贫致富等深远意义。其负面影响主要是征用土地、拆迁、民房、阻隔通行等对社会经济和生活环境造成影响，此外，还可能对文物有影响。

5.3.4.2　生态环境影响评价专题

生态环境影响评价专题主要包括地区生态环境现状分析，项目影响预测评价和防治措施（建议）等三部分内容。

生态环境评价因子因道路建设地区的不同而差异较大。城市道路主要是城市生态和人的生活环境。公路项目的评价因子主要有：植被破坏和土地利用改变而引起的生物量变化、土地沙漠化和土壤侵蚀；山区地貌扰动引发水土流失、崩塌和泥石流；路线阻隔陆生生物栖息地对生物多样性的影响；路基高填、深挖对土壤侵蚀和景观生态环境的影响，以及影响地区水文而引发灾害等。

5.3.4.3　土壤侵蚀及水土保持方案

该专题的主要内容是地区土壤侵蚀（包括风蚀和水蚀）现状评价，项目影响预测评价，拟定水土保持方案。

道路项目引起土壤侵蚀主要在施工期，其原因是路基工程的填挖、取土、弃土和隧道弃渣，造成大面积植被破坏及产生新的土壤侵蚀源。

水土保持方案是为防止土壤侵蚀而拟定的措施方案，应针对土壤侵蚀的形式、规模和地点等设计，进行设计时应执行相应的技术规范。路基防护工程和排水工程设计，是项目水土保持方案的重要组成部分。

5.3.4.4　声环境影响评价专题

该专题的内容主要由地区声环境现状评价，项目施工期噪声和营运期道路交通噪声对环境的影响预测评价，敏感点的噪声污染防治措施（建议）等三部分组成。

道路项目对声环境的影响主要是施工期的机械噪声和材料运输噪声、营运期的道路交通噪声。道路交通噪声扰民随交通量增加而上升，其防治措施应认真研究。

5.3.4.5　环境空气影响评价专题

该专题的内容由地区环境空气质量现状评价，项目对环境空气影响预测评价和空气污染减缓措施（建议）等三部分组成。

道路项目对声环境的影响因子主要有施工期扬尘和沥青烟尘、营运期汽车排放的有害气体（以 CO、NO_x 为主）。对于长隧道需评价其通风设施，防止隧道内空气严重污染影响行车安全和人员健康。

5.3.4.6　水环境影响评价专题

该专题的主要内容是地区地表水环境质量现状评价，项目对水环境影响预测评价，水环境污染防治措施（建议）以及交通事故风险分析等。

道路项目对地表水环境的主要影响因素有：路基、桥梁对水文的影响；桥梁施工对水质的影响；施工期的施工废水和施工营地污水对水质的影响；营运期的路面径流、服务区的生活污水和洗车废水、收费站等地的生活污水对水质的影响。

通常道路项目对地表水有影响。根据地表水的类别，我们关心的是生活饮用水源、水产养殖水体和特殊保护的水源地。

上述专题并非每个道路都千篇一律，可根据具体情况有增有减。各专题的评价内容或因子应认真研究，有针对性地确定。

5.4　环境影响评价方法和技术

5.4.1　环境保护目标确定方法

公路建设项目批准立项后，通过对设计线位的现场踏勘调查，确定拟建公路沿线评价范围内环境空气和声环境的主要保护目标，一般情况下将公路沿线两侧距路中线距离200m以内的村庄、学校、医院和疗养区等定位环境敏感目标加以重点保护是十分必要的。生态环境保护目标主要是指在公路两侧评价范围内已有的自然保护区、风景名胜区、生态脆弱带、野生保护动物栖息地、野生保护植物、连片森林、草地、基本农田保护区等。水环境的保护目标主要指饮用水水源保护区，江、河源头区，集中养殖水域等。社会环境保护目标包括历史文化遗产、居民居住或出行的便利性和生活质量等。

5.4.2　环境影响识别方法

环境影响是指人类活动导致的环境变化和由此引起的对人类社会的效应。环境影响识别就是要找出所受影响的环境因素，以使环境影响预测减少盲目性，环境影响综合评价增加可靠性，污染防治对策具有针对性。

5.4.2.1　环境影响因子识别

对某一公路建设项目进行环境影响识别，首先要弄清楚该工程影响地区的自然环境和社会环境状况，确定环境影响评价的工作范围。在此基础上，根据工程的组成、特性及其功能，结合工程影响地区的特点，从自然环境和社会环境两个方面，选择需要进行影响评价的环境因子。自然环境影响包括对野生动植物及栖息地的影响、对水土流失的影响、对农业土壤与农作物的影响、对水环境影响、对环境噪声及空气的影响等；社会环境的影响包括对社区发展的影响、对居民生活质量和房屋拆迁的影响、对基础设施所产生的影响、对资源利用的影响、对景观环境的影响等。

环境影响因子识别的方法较多，如叙述分析法和项目类别矩阵法等。表5-6为某公路项目环境影响因子识别矩阵，表中列出了项目施工期、营运期的主要工程活动及主要环境影响因子。表中用符号标出了某项目各阶段可能产生的环境问题及影响大小。

5.4.2.2　环境影响程度识别

公路建设项目对环境因子的影响程度可用等级划分来反映，按有利影响与不利影响两类分别划分等级。不利影响常用负号表示，分为极端不利、非常不利、中度不利、轻度不利、微弱不利共5级。有利影响常用正号表示，分为微弱有利、轻度有利、中等有利、大有利、特有利共5级。根据工作深度不同，也有将影响分为3级或10级的。

		自然（物理）环境				生态环境						社会环境								生活环境					
工程及活动		噪声	地表水	空气	振动	保护区	植被	土壤侵蚀	土地资源	野生动物	水文	征地	再安置	农业生产	公路交通	水利设施	发展规划	社会经济	文物	通行交往	环境质量	就业	经济	安全	环境景观
施工期	施工前准备											●	●										▲		
	取、弃土																								
	路基施工	▲		▲	▲	●	●	●	●	●					▲	●			●	▲	★	△	△	★	▲
	路面施工																								
	桥梁施工																								
	隧道施工																								
	材料运输																								
	料场																								
	施工营地																								
	施工废水																								
	沥青搅拌																								
	绿化及防护工程																								
营运期	养护与维修																								
	交通运输	●		▲	★	●									○			○	○	▲	★	☆	△		
	路面径流																								
	交通事故																								
	路基																								
	构筑物																								
	服务设施																								

某公路项目环境影响因子识别矩阵　　　　表 5-6

注：○/●—正/负重大影响；△/▲—正/负中等影响；☆/★—正/负轻度影响。

5.4.3　环境影响综合评价方法

所谓"环境影响综合评价"是按照一定的评价目的，把人类活动对环境的影响从总体上综合起来，对环境影响进行定性或者定量的评定。

5.4.3.1　指数法

一般的单因子指数分析评价，先引入环境质量标准，然后对评价对象进行处理，通常就以实测值（或预测值）C 与标准值 C_s 的比值作为其数值：$P = C/C_s$。单因子指数法的评价可分析该环境因子的达标（$P_i < 1$）或超标（$P_i > 1$）及其程度。显然，P_i 值越小越好，越大越坏。

在各单因子的影响评价已经完成的基础上，为求所有因子的综合评价，可引入综合指数，所用方法称为"综合指数法"，综合过程可以分层次进行，如先综合得出大气环境影响分指数、水体环境影响分指数、土壤环境影响分指数，然后再综合得出总的环境影响综合指数如式（5-1）所示：

$$P = \sum_{i=1}^{n} \sum_{j=1}^{m} P_{ij}$$
$$P_{ij} = C_{ij}/C_{S_{ij}}$$
(5-1)

式中 i——表示第 i 个环境要素；

n——环境要素总数；

j——第 i 个环境要素中的第 j 个环境因子；

m——第 i 个环境要素中的环境因子总数。

以上综合方法是等权综合，即各影响因子的权重完全相等。

各影响因子权重不同的综合方法可采用见公式（5-2）：

$$p = \frac{\sum_{i=1}^{n} \sum_{j=1}^{m} w_{ij} p_{ij}}{\sum_{i=1}^{n} \sum_{j=1}^{m} w_{ij}}$$
(5-2)

式中 w_{ij}——权重因子，根据有关专门研究或专家咨询确定。

指数评价方法可以评价环境质量好坏与影响大小的相对程度。采用统一指数，还可作不同方案间的相互比较。

5.4.3.2 相关矩阵法

矩阵中横轴上列出开发行为，纵轴上列出受开发行为影响的环境要素。把两种清单组成一个矩阵有助于对影响的识别，并确定某种影响是否可能。当开发活动和环境因素之间的相互作用确定之后，就可以确定、解释影响并对之予以识别。识别时把每个行为对每个环境要素影响的大小，划分为若干个等级，有分为 5 级的，也有分为 10 级的，用阿拉伯数字表示。由于各个环境要素在环境中的重要性不同，各个行为对环境影响的程度也不同，为了求得各个行为对整个环境影响的总和，常用加权的办法。假设 M_{ij} 表示开发行为 j 对环境要素 i 的影响，W_{ij} 表示环境要素 j 对开发行为 i 的权重。所有开发行为对环境要素 i 总的影响，则为 $\sum_{i} M_{ij} W_{ij}$；开发行为 j 对整个环境总的影响，则为 $\sum_{j} M_{ij} W_{ij}$；所有开发行为对整个环境的影响，则为 $\sum_{i} \sum_{j} M_{ij} W_{ij}$。各开发行为对环境要素的影响见表 5-7 所示。

各开发行为对环境要素的影响　　　　　　　　　　　表 5-7

环境要素	居住改变	水文改变	修路	噪声振动	城市化	平整土地	侵蚀控制	园林化	汽车环行	总影响
地形	8(3)	−2(7)	3(3)	1(1)	9(3)	−8(7)	−3(7)	3(10)	1(3)	3
水循环	1(1)	1(3)	4(3)			5(3)	6(1)	1(10)		47
气候	1(1)				1(1)					2
水稳定	−3(7)	−5(7)	4(3)			7(3)	8(1)	2(10)		5
地震	2(3)	−1(7)			1(1)	8(1)	2(1)			26
空旷地	8(10)		6(10)	2(3)	−10(7)			1(10)	1(3)	89
居住区	6(10)				9(10)					150
健康	2(10)	1(3)	3(3)		1(3)	5(3)	2(1)		−1(7)	45

环境要素	居住改变	水文改变	修路	噪声振动	城市化	平整土地	侵蚀控制	园林化	汽车环行	总影响
人口度	1(3)			4(1)	5(3)					22
建筑	1(3)	1(3)	1(3)		3(3)	4(3)	1(1)		1(3)	34
交通	1(3)		−9(7)		7(3)				−10(7)	−109
总影响	180	−47	42	11	97	31	−2	70	−68	314

表中数字表示影响大小。1 表示没有影响；10 表示影响最大。负数表示坏影响；正数表示好影响。括号内数字表示权重，数值越大权重越大。从表中可以看出，加权后总影响为 314，是正值，意味着整个工程对环境是有益的；而交通这一环境要素受到的总影响为 −109，是负值，意味着该工程对交通产生的是有害影响；得益最大的是居住区和空旷地，分别为 150 和 89。居住区改变、城市化、园林化三项开发行为的总影响分别是 180、97、70，得益最大，而汽车环行与排水改变两个开发行为的总影响为 −68 与 −47，意味着此两项开发行为对环境具有较大的有害影响，应采取相应的对策补救。

5.4.3.3　网络法

网络法的原理是采用原因—结果的分析网络来阐明和推广矩阵法。除了矩阵法的功能外，网络法还可以鉴别累积影响或间接影响，网络实际上呈树枝状，故又称关系树枝或影响树枝，可以表述和记载第二、第三以及更高层次上的影响。

要建立一个网络就要回答与每个计划活动有关的一系列问题，例如，原发（第一级）影响面是哪些，在这些范围内的影响是什么？二级影响面是什么，二级影响面内有些什么影响？三级影响又是什么等等。图 5-3 是在某商业区内新建一条高速公路对房屋和商业迁移的影响网络。

利用网络法时需要估计影响事件分支中单个影响事件的发生概率与影响程度，求得各个影响分支上各影响事件的影响贡献总和，再应用矩阵法中提供的方法求出总的影响程度。图 5-3 中有两个基本的工程行动：住宅迁移 A 和商店迁移 B，其影响事件链构成 9 个分支。

设：$P_i = $ 分支 i 上事件发生的概率（$i=1, 2, \cdots, 9$）

对每种影响 x_{ij} 定义：$M(x_{ij}) = $（＋或—）影响 x_{ij} 的大小；$I(x_{ij}) = $ 影响 x_{ij} 的权重数。

$M(x_{ij})$ 和 $I(x_{ij})$ 两者都有一定的值域（如：1～10）。影响树给定分支的影响评分定义式如式（5-3）所示：

$$P_i = \sum_j M(x_{ij}) I(x_{ij}) \tag{5-3}$$

上式可以求得某分支上所有影响（事件）x_{ij} 的和。例如，分支 1 影响评分如式（5-4）所示

$$P_1 = M(A_1)I(A_1) + M(A_{1,1})I(A_{1,1}) \mid + M(A_{1,1,1})I(A_{1,1,1}) \tag{5-4}$$

用类似的方法可以求出其他 8 个分支的影响评分。由于原发、第二层和第三层的影响

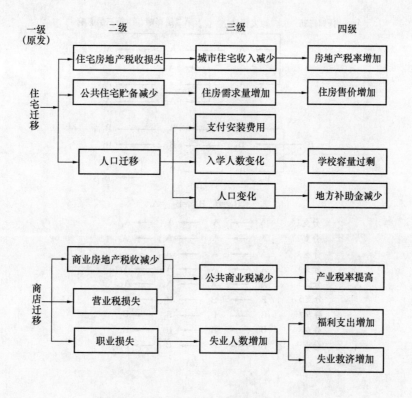

图 5-3 在商业区新建高速公路的影响树枝

是否真的发生尚有某种不确定性，所以要按发生概率求各分支的权重系数，以修正各分支的评分，根据所有分支的权重评分之和（即所有可能发生事件的集合）就可以导出"期望环境影响评分"如式（5-5）所示：

期望环境影响 $\quad P_{总} = \sum_{i=1}^{9} P_i$（$P_i$ 为分支 i 上的影响评分） $\qquad$ (5-5)

为说明这种方法，考虑图 5-3 所示在商业区新建高速公路引起的影响。假设这些影响的大小和评分已确定，并列成图 5-4 和表 5-8。

图 5-4 所描绘的影响树枝里有 9 条分支。下面是一个影响分支：

住宅迁移→住宅房地产税收损失→城市住宅收入减少→房地产税率提高。

该分支上各影响都发生的概率为：（1.0）（1.0）（1.0）（0.3）＝0.3

影响总分为：（－2）（4）＋（－1.5）（5）＋（－0.5）（10）＋（－1）（3）＝－23.5

影响权重评分：（0.3）（－23.5）＝－7.05

类似地，商业迁移→职业损失→失业人数增加→失业救济增加。

该分支的发生概率为：（1.0）（0.9）（0.9）（0.2）＝0.162

影响总分为：（－4）（5）＋（－3）（6）＋（－0.5）（7）＋（0.1）（0.2）＝－41.52

影响权重评分为：（0.162）（－41.52）＝－6.73

其他 7 条支链重复类似计算，再把 9 条支链的权重评分相加，便可以得到期望环境影响＝－54.93，这就意味着影响是不利的。

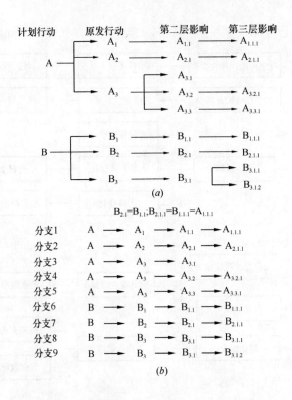

$$B_{2.1}=B_{1.1};B_{2.1.1}=B_{1.1.1}=A_{1.1.1}$$

分支1	A ⟶ A₁ ⟶ A₁.₁ ⟶ A₁.₁.₁
分支2	A ⟶ A₂ ⟶ A₂.₁ ⟶ A₂.₁.₁
分支3	A ⟶ A₃ ⟶ A₃.₁
分支4	A ⟶ A₃ ⟶ A₃.₂ ⟶ A₃.₂.₁
分支5	A ⟶ A₃ ⟶ A₃.₃ ⟶ A₃.₃.₁
分支6	B ⟶ B₁ ⟶ B₁.₁ ⟶ B₁.₁.₁
分支7	B ⟶ B₂ ⟶ B₂.₁ ⟶ B₂.₁.₁
分支8	B ⟶ B₃ ⟶ B₃.₁ ⟶ B₃.₁.₁
分支9	B ⟶ B₃ ⟶ B₃.₁ ⟶ B₃.₁.₂

(b)

图 5-4　影响树枝（a）和相应的分支图解（b）

在商业区新建高速公路的影响频率、幅度和重要性　　　　表 5-8

影　响	因素编号	发生概率	贡献大小	重要性
住宅迁移	A	1.0	−2.0	4
住宅房地产税损失	A_1	1.0	−1.5	5
城市住宅税减少	$A_{1.1}$	1.0	−0.5	10
房地产税率提高	$A_{1.1.1}$	0.3	−1.0	3
公共房屋储备减少	A_2	1.0	−0.25	2
住房需求量增加	$A_{2.1}$	0.4	+3.0	3
可用房出租价提高	$A_{2.1.1}$	0.2	−1.2	1
居民人口迁移	A_3	1.0	−1.0	7.5
支付迁移费用	$A_{3.1}$	1.0	−0.7	0.5
地方学校入学率的变化	$A_{3.2}$	0.8	+2.2	1
地方学校容量过剩	$A_{3.2.1}$	0.8	+1.5	3.5
当地人口变少	$A_{3.3}$	0.95	+0.2	1.5
州补助减少	$A_{3.3.1}$	0.5	−1.1	9
商业迁移	B	1.0	−4.0	5
商业房地产税损失	B_1	1.0	−4.8	6
商业收入减少	$B_{1.1}$	0.2	−1.5	10
营业税损失	B_2	0.2	−2.5	10
职业减少	B_3	0.9	−3.0	6
失业人数增加	$B_{3.1}$	0.9	−0.5	7
福利支出增加	$B_{3.1.1}$	0.1	−0.8	0.7
失业救济增加	$B_{3.1.2}$	0.2	−0.1	0.2

这种希望得到总分数的方法有几点必须注意：第一，要能有效地用发生概率估计各个影响发生的可能性；第二，算出的分数不是绝对分数，只是相对分数。这分数只能用于对不同方案或不同减轻措施的效果进行比较；第三，为了取得有意义的期望环境影响值，影响网络必须列出所有可能的、有显著性意义的原因-条件-结果序列或事件链。如果遗漏了某些环节，评分就是不全面的。

5.4.3.4 图形叠罩法

该方法开始为手工作业，即准备一张透明图片，画上项目的位置和要考虑影响评价的区域和轮廓基图。另有一份可能受影响的当地环境因素一览表，其上指出那些被专家们判断为可能受项目影响的环境因素。对每种要评价的因素都需准备一张透明图片，每种因素受影响的程度可以用一种专门的黑白色码的阴影的深浅来表示。通过在透明图上的地区给出的特定的阴影，可以很容易地表示影响程度。把各种色码的透明片叠罩到基片图上就可以看出一项工程的综合影响。不同地区的综合影响差别由阴影的相对深度来表示。

图形叠罩法易于理解，能显示出影响的空间分布，并且容易说明项目单个的和整个的复合影响与受影响地点居民分布的关系，也可决定有利影响和不利影响的分布。当然，手工叠罩法也有明显的缺点，一次叠罩 12 张以上图片就因为颜色太复杂而难以说明问题了。现在，已有人用计算机叠图，可以不受此限制。

5.5 环境影响报告书的编制

5.5.1 编制环境影响报告书的目的和原则

编制环境影响报告书的目的是在项目可行性研究阶段对项目可能给环境造成的潜在影响和工程中采取的防治措施进行评价，拟定环境保护对策和措施，论证和选择技术经济合理、对环境有害影响较小的最佳方案，为领导部门决策提供科学依据。

环境影响报告书是从环境保护角度对建设项目编制的可行性研究报告，也是项目环境影响评价工作的最终成果。经环境保护部门批准的环境影响评价报告书，是计划部门和主管部门审批建设项目合作决策的最重要依据之一，是设计单位进行环境保护设计的主要技术文件，是环境管理部门对建设项目进行环境监测、管理和验收的依据。

环境影响报告书应全面、公正、概括的反映环境影响评价的全部工作；文字应简洁、准确、图表要清晰；论点要明确。大（复杂）项目的报告书应有主报告和分报告，主报告应简明扼要，分报告应列入专题报告、计算依据等。

5.5.2 环境影响报告书编制的基本要求

环境影响报告书编制的基本要求有以下几点：

（1）环境影响报告书总体编排结构

应符合《建设项目环境保护管理条例》的要求，内容全面、重点突出、实用性强。

（2）基础数据可靠

基础数据是评价的基础，基础数据有错误，特别是污染排放量有错误，不管选用的计算模式多么正确，计算得多么精确，其计算结果都是错误的。因此，基础数据必须可靠，对于不同来源的同一参数数据出现不同时应进行核实。

（3）预测模式及参数选择合理

环境影响评价的预测模式都有一定的适用条件，参数也因污染物和环境条件的不同而不同。因此，预测模式和参数选择应"因地制宜"。应选择模式的推导条件和评价环境条件相近的模式；应选择参数的环境条件和评价环境条件相近（相同）的参数。

（4）结论观点明确、客观可信

结论中必须对建设项目的可行性、选址的合理性作出明确回答，不能模棱两可。结论必须以报告书中客观的论证为依据，不能带感情色彩。

（5）语句通顺、条理清楚、文字简练、篇幅不宜过长

凡带有综合性、结论性的图表应放到报告书的正文中，对有参考价值的图表应放到报告书的附件中，以减少篇幅。

（6）环境影响评价报告书应有评价资格证书

环评报告应附资格证复印件，报告书编制人员按行政总负责人、技术总负责人、技术审核人、项目总负责人，依次署名盖章，报告编写人署名。

5.5.3 环境影响报告书的编制要点

5.5.3.1 总则

（1）结合评价项目的特点阐述编制环境影响报告书的目的。

（2）编制依据：包括项目建议书、评价大纲及审查意见、评价委托书或任务书、项目可研报告、国家有关环境保护法律和规范等。

（3）采用标准：包括国家标准、地方标准或拟参照的国外有关标准。参照的国外标准应该按照国家环保局规定的程序报有关部门批准。

（4）环境影响评价范围。

（5）环境影响评价工作等级、评价年限。

（6）项目建设控制污染与环境保护的目标。

5.5.3.2 项目工程概况

（1）项目名称及建设的必要性。

（2）路线地理位置（附图）、基本走向（附路线图）及主要控制点。

（3）交通量预测、建设等级及技术标准。

（4）建设规模及主要工程概况：建设里程、投资、占用土地及主要工程量表；路基、路面、桥涵、交叉工程及服务设施等概况。

（5）污染源分析及对环境的影响分析。

（6）主要筑路材料：用图表说明土、石、砂砾、粉煤灰等地方材料供应方案，取弃土方案及数量。

（7）项目实施方案。

5.5.3.3 项目地区环境（现状）概况

（1）自然环境：包括地貌、地质、土壤、气象等概况及其特征；地表水分布或地区水系及水文资料；自然灾害概况。

（2）生态环境：包括生态环境类型及其基本特征；植被类型、林地、草场及农业种植

等；水生生物及水产养殖；野生动物；土壤侵蚀等。

（3）社会环境：包括项目建设社会经济影响区划（附图）；地区社会经济概况；地区发展规则；主要基础设施；文物古迹、风景名胜、自然保护区等有价值的景观资源分布及其概况；评价范围内环境敏感点统计。

5.5.3.4 地区环境质量现状评价

包括生态环境现状评价；声环境质量现状评价；水环境质量现状评价；环境空气质量现状评价；土壤中铅含量现状评价。

5.5.3.5 项目环境影响预测评价及减缓措施建议

公路建设期、营运近、中、远期对环境影响预测评价及减缓措施，应做到预测数据可靠，评价客观，措施恰当。

（1）社会环境影响预测分析及减缓措施建议

包括项目经济效益及社会效益分析；征地、拆迁影响分析及减缓措施；农业、牧业、养殖业等影响分析及减缓措施；通行阻隔分析及减缓措施；水利设施、道路交通等基础设施影响分析及减缓措施；文物古迹、风景名胜、景观资源和景观环境影响分析及减缓措施；水文及灾害影响分析及减缓措施；安全影响分析及减缓措施；社会环境影响评价结论。

（2）生态环境影响预测评价及减缓措施建议

包括植被影响分析及减缓措施；土地利用改变对生物量的影响分析及减缓措施；公路绿化措施；土地资源影响分析及保护措施；路线阻断生物迁移和对生物多样性影响分析及减缓措施；自然保护区、湿地等生物库影响分析及保护措施；公路绿化效益分析；生态环境影响评价结论。

（3）土壤侵蚀影响分析及水土保持方案

包括施工期土壤侵蚀影响分析及水土保持方案；土壤侵蚀发展趋势分析。

（4）声环境影响预测评价及减缓措施建议

包括营运近、中、远期公路噪声预测计算，计算敏感点的环境噪声级及超标量；交通噪声环境影响评价及减缓措施；施工期噪声影响分析及减缓措施；声环境影响评价结论。

（5）水环境影响预测评价及减缓措施建议

包括施工期水环境质量影响分析及减缓措施；工程对地表水流形态及水文的改变及其影响分析；营运期水环境质量影响预测评价及减缓措施；营运期交通事故对水环境的风险分析及减缓措施；水环境影响评价结论。

（6）环境空气影响预测评价及减缓措施建议

包括施工期环境空气影响分析及防治措施；营运期环境空气污染物浓度预测，计算近、中、远期敏感点环境空气污染物浓度及超标量；营运期环境空气影响评价及减缓措施；环境空气影响评价结论。

（7）施工期取料场、材料运输环境影响分析及减缓措施建议

包括主要材料数量及料场位置（附材料供应及运距图）；料场环境影响分析及减缓措施；材料运输影响分析及减缓措施（以噪声、空气影响为主）。

5.5.3.6 路线方案比选分析

（1）路线各方案简介。

（2）路线各方案比较：包括工程数量、征地数量及类型、拆迁数量、影响人口、环境质量影响及环保投资等的比较。

（3）路线方案比选结论。

5.5.3.7　公众参与

（1）调查方式、地点、对象、成员及人数等。

（2）调查结果统计分析。

（3）公众意见及建议。

（4）对公众意见的处理建议。

5.5.3.8　环保计划、环境监测计划

（1）环境保护计划

包括拟定项目在可行性研究阶段、设计阶段、施工期及营运期的环保计划。

（2）环境监测计划

包括项目施工期、营运期环境监测地点、监测项目、频次、监测单位、主管部门等。

（3）环保机构

包括施工期和营运期的环保组织机构。

5.5.3.9　环境经济损益分析

包括环保经费估算和环保投资经济损益分析。

5.5.3.10　环境影响评价结论

（1）项目地区环境质量现状评价结论。

（2）公路建设各环境要素影响评价结论。

（3）路线布设是否符合环保要求。

（4）环境影响评价结论。

5.5.3.11　存在的问题及建议

主要针对环境影响的关键问题或对环境潜在的重大隐患等提出工程设计及环保设计建议。

5.5.3.12　主要参考资料

5.5.3.13　附图、附件

5.5.4　公路建设项目环境影响评价所需图件及其基本绘制方法

环境质量评价图是环境评价中不可缺少的部分。制作完善的图件能够清晰、准确地反映工程线路与周边环境的相对位置关系，能够体现工程周边的基本环境现况，还能够直观的表述项目对环境的影响情况。

5.5.4.1　公路建设项目环境影响评价所需图件

公路建设项目由于其影响范围为以公路为中心的带状区域，环境影响评价中的图件应充分体现这一特点。评价中所需图件包括：地理位置图、路线平纵面走向图、水系分布图、保护目标与工程相对位置关系图、区域公路网现状和规划图、项目沿线植被分布图、项目沿线土地利用现状图、环境质量现状监测站位图，以及根据《环境影响评价技术导则-声环境》HJ/T 2.4—1995 的要求需绘制的路段等声级曲线图等；另外，根据具体情况还需附路线重点路段、环境保护目标的现状照片等。

5.5.4.2　图件基本绘制要求

图件绘制要求清晰、准确，应包含比例尺、方向标和图例等要素，特殊图件中还应标示有风玫瑰图等说明气象条件的要素。

地理位置图、水系图、区域公路网现状和规划图等可以以适当比例尺的地图为底图，在图中以线条和色块方式描绘公路、河流和湖泊等。底图比例尺的选取应以能够完全显示拟建线路直接影响区域为宜。在路网图中，拟建线路应以醒目颜色描绘以示区别，并应在图例中显著位置说明。

路线平纵面走向图、保护目标与工程相对位置关系图、项目沿线植被分布图和项目沿线土地利用现状图，以《可行性研究报告》中的工程线路平纵面走向图为底图，图件反映主体是拟建线路。用不同颜色的透明色块标示不同植被、居住点和土地利用的情况。

保护目标（主要是声和大气环境保护目标）应在大纲和报告书内以图件方式表明其现况及与线路位置关系，在一般的地图和设计图中无法明确表示时应另行制作。一般采用CAD作为制作软件，图件中除反映出以上说明情况外，还可详细地表示出保护目标的具体户数、朝向和与路肩、路中线的距离。

环境质量现状监测站位，可根据不同情况标示于水系分布图和环境保护目标现状图中。

5.5.4.3　绘制方法和常用软件

（1）符号法

用一定形状或颜色的符号表示环境现象的不同性质和特征等。如用符号的大小表示某种特征的数量关系，应保持符号的大小一致；有数量值大小区别时，其符号大小或等级差别应做到既明显又不过分悬殊，使整幅图美观、大方和匀称。凡中小比例尺图，符号的定位应做到相对的准确。凡大比例尺图，应按下列规定做到准确定位。

凡用各种几何图形（圆形、正方形、正三角形、菱形、正五边形、正六边形、星形等）定位时，以图形的中心为实地中心位置。

凡用宽底符号（古塔、墓葬、石刻等）定位时，以底线中心位置表明实地位置。

凡用线状符号（铁路、公路、管道等）定位时，以符号中心线表示实际位置。

用其他不规则符号定位时，以中心点为实地位置。

如有标注记，标注在符号的右下角。

用同心圆或其他同心符号（即定位扩展符号）表示环境现象的动态变化。此法适用于编制各种环境要素的采样位置图、各种污染源分布图等。

（2）定位图表法

定位图表法是在确定的地点或各地区中心用图表表示该地点或该地区某些环境特征。此法适用于编制采样点上各种污染物浓度值或污染指数值图、风向频率图、各区工业构成图和各工业类型的"三废"数量分配图等。

（3）类型图法

根据某些指标，对具有同指标的区域，用同一种晕线或颜色表示，对具有不同指标的各个环境区域，用不同晕线或颜色表示。此法适用于编制土地利用现状和各种环境要素。如地形、土壤、植被等类型图，河流水质图，交通噪声图，环境区划图等。

（4）等值线法

利用一定的观测资料或调查资料内插出等值线，用来表示某种属性在空间内的连续分布和渐变的环境现象。它是在环境质量评价制图中常用的方法，适用于编制等声级曲线图、各种污染物的等浓度线或等指数线图。

绘图常用软件包括 CAD、OFFICE、Photoshop 等。

5.6 道路环境影响评价要点分析

道路交通建设项目环境影响评价可以分为道路建设项目的环境影响评价和交通建设项目的环境影响评价。道路建设项目的环境影响评价可以分为新建道路和改（扩）建道路的环境影响评价，这里的道路包括交叉口。但在进行公路建设项目的环境影响评价时，通常把立交作为一个重要的节点进行分析，一般不做单独评价；而在城市道路的环境影响评价中，尤其是在道路立交的改（扩）建项目中，通常对立交进行单独的评价。交通建设项目的环境影响评价通常包括各类轨道交通项目的环境影响评价和枢纽站的环境影响评价。根据本章前几节讲述的环评的基本理论，本节选取有代表性的项目进行实例分析。由于篇幅的限制，在此只对该类项目评价时要注意的问题作以说明。

5.6.1 公路环境影响评价

公路环境影响评价，首先要注意的就是在路线两侧环境影响评价的范围内是否有自然保护区、珍贵树木保护区、野生动物保护区、风景名胜区、人文景观、水源地、水库、鱼塘、高产田及其他环境敏感点，如果有，必须作为重点进行评价，并提出切实的保护措施及建议。其次，要结合公路工程实际，对建设和运营各环节有可能产生的社会环境影响、生态环境影响、环境噪声影响和环境空气影响进行分析。分析时，可以针对施工期和营运期的不同特点进行，施工期侧重于对其生态破坏及恢复措施的评价，营运期则侧重于机动车行驶产生的交通污染的评价。我国自 1987 年以来，在高速公路的建设中，广泛开展了环境影响评价工作，环境影响评价已日趋成熟。但近些年来，公路改扩建项目日益增多，这些公路途经地区，交通量大，噪声等环境影响突出，为此，以某声级公路改建中的声环境影响评价为例进行说明。

某公路为当地一条主要的省级道路，因当地经济社会发展需要，对该公路进行分段改造建设。本工程涉及的线路总长度 80.54km，公路等级为二级，路基宽 27m，为沥青混凝土路面。设计行车速度为 80km/h，设计交通量为 7009 辆/d，预计投资 13498 万元。工程永久占地 972 亩（1 亩＝666.6m²），临时占地 266 亩。预计建设 26 个月。

5.6.1.1 评价等级、范围与标准

（1）评价等级：依照《环境影响评价技术导则》，确定本项目声环境评价为三级。

（2）评价范围：公路中心线两侧各 200m 以内区域及其敏感点（学校、医院等）。

（3）评价因子：等效 A 声级。

（4）评价标准：

施工期执行《建筑施工场界噪声限值》GB 12523—90 标准（见表 5-9）。营运期对于公路两侧评价范围内的居民集中建筑群，临路第一排建筑物前参考《城市区域环境噪声标准》GB 3096—93 中 4 类标准执行；对学校的教室室外昼间按 60dB 要求；对医院病房室外昼间按 60dB、夜间按 50dB 要求。

表 5-9

建筑施工场界噪声限值（单位：dB）

施工阶段	主要噪声源	昼 间	夜 间
土石方	推土机、挖掘机、装载机	75	55
打桩	各种打桩机	85	禁止施工
结构	混凝土搅拌机、振捣棒、电锯等	70	55
其他	吊车、升降机	65	55

（5）评价时段：

建设期：从施工开始至工程竣工为止（约 3.5 年）。

运行期：工程完工投入运行。

（6）保护目标：评价范围内的 5 所学校、2 个乡镇医院和 36 个居民点。

5.6.1.2 噪声源源强

（1）施工期

施工期的噪声主要来源于施工机械，如推土机、压路机、装载机、挖掘机、搅拌机等。这些机械运行时在距离声源 5m 处的噪声可高达 90～98dB。这些突发性非稳态噪声源将对施工人员和周围居民产生不利影响。

（2）营运期

在公路上行驶的机动车辆的噪声源为非稳态源。公路投入营运后，车辆行驶时其发动机、冷却系统以及传动系统等部件均会产生噪声。另外，行驶中引起的气流湍动、排气系统、轮胎与路面的摩擦等也会产生噪声。由于公路路面平整度等原因而使行驶中的汽车产生整车噪声。

5.6.1.3 声环境现状监测与评价

（1）监测布点

采用"以点代线"的原则，选择具有代表性的声环境敏感区如学校、村落、集镇等，进行实地调查与监测，同时观测现有公路的交通状况，旷野区段不作监测。沿线共设立 9 个现状监测点，各点分布情况略，测点均位于敏感区前排敏感建筑物前 1m 处。

（2）监测时段与方法

监测方法与频率按照《城市区域环境噪声测量方法》GB/T 14623—93 中有关规定进行。每个监测点测 2 天，分昼间和夜间两个时段，同时记录敏感点情况（人数规模、建筑物朝向等）、主要噪声源、周围环境特征、车流量等。

（3）声环境现状评价

临近道路的两个敏感点（均为学校）昼间噪声超标严重，其余监测点处声环境现状较好。从沿线现场踏勘分析，改造前的公路等级低、路况差，大型车比例高，且混合交通状况严重，一部分路段街道化严重。

5.6.1.4 声环境影响预测与评价

（1）施工期环境噪声影响预测与评价

预测模式按照《公路建设项目环境影响评价规范》JTG B03—2006 中推荐的有关模

式进行。公路施工中施工机械噪声的影响预测结果见表 5-10。

各种施工机械在不同距离处的噪声预测值　　　　　　　　　　　　　表 5-10

机械名称	噪声预测值（dB）									
	5m	10m	20m	40m	50m	60m	80m	100m	150m	300m
装载机	90	84	78	72	70	69	66	64	62	54
平地机	90	84	78	72	70	69	66	64	62	54
压路机	86	80	74	68	66	65	62	60	57	49
挖掘机	84	78	72	66	64	63	60	58	55	47
摊铺机	85	79	73	67	65	64	61	59	56	48
搅拌机	87	81	75	69	67	66	63	61	58	50
推土机	86	80	74	68	66	65	62	60	57	49

预测结果表明：

1）昼间施工机械（装载机、平地机）噪声昼间在距施工场地 40m 处和夜间距施工场地 300m 处符合标准限值，其他施工机械噪声昼间在距施工场地 20m 处和夜间距施工场地 200m 处符合标准限值。

2）施工机械噪声夜间影响严重，施工场地 300m 范围内有居民区的地方禁止夜间使用高噪声的施工机械，尽可能避免夜间施工。固定地点施工机械操作场地，应设置在 300m 范围内无学校和较大居民区的地方。在无法避开的情况下，采取临时降噪措施，如安置临时声屏障。

（2）营运期声环境影响预测与评价

预测模式采用《公路建设项目环境影响评价规范》JTG B03—2006 中推荐的有关模式，模式中相关参数的确定亦采用该规范推荐的方法计算。

本工程建成运营后，由车辆行驶所产生的交通噪声影响预测结果见表 5-11。

营运期交通噪声预测结果　　　　　　　　　　　　　　　　　表 5-11

路基宽(m)车速(km/h)	营运期（年）	时段	距离路中心不同水平距离处的交通噪声值[dB(A)]								
			20m	30m	40m	50m	60m	80m	100m	150m	200m
12m80km/h	2004	昼间	52.9	45.5	43.7	42.2	41.1	39.2	37.7	34.9	32.9
		夜间	51.8	47.3	45.5	44.1	42.9	41.0	39.5	36.7	34.7
	2016	昼间	63.3	55.9	54.1	52.6	51.5	49.6	48.0	45.3	43.3
		夜间	56.9	49.5	47.7	46.3	45.1	43.2	41.7	38.9	36.9
	2023	昼间	64.9	57.4	55.6	54.2	53.1	51.1	49.6	46.9	44.9
		夜间	61.6	54.2	52.4	50.9	49.8	47.9	46.4	43.6	41.6

根据上表预测结果，各路段交通噪声按照《城市区域环境噪声标准》中 4 类噪声标准（昼间 70dB、夜间 55dB）推算出达标距离（见表 5-12）。全路段昼间达标距离（距路中心）

大于20m；2004年全路段夜间达标距离大于20m，2016年和2023年达标距离大于30m。

营运期交通噪声4类噪声标准达标距离（距路中心）（单位：m）　　　　表5-12

2004年达标距离		2016年达标距离		2023年达标距离	
昼　间	夜　间	昼　间	夜　间	昼　间	夜　间
＞20	＞20	＞20	＞30	＞20	＞30

（3）敏感点声环境影响预测与评价

交通噪声对敏感点的贡献值与背景值为该点处的环境噪声预测值。

不同水平年的昼、夜间推荐线路交通噪声预测结果见表5-13。敏感点噪声等值线图。学校昼间按1类标准值评价，其余敏感点按4类标准值评价。

交通噪声预测叠加结果（单位：dB）　　　　表5-13

敏感点编号	敏感点性质	离中线距离(m)	噪声标准		噪声叠加值			噪声超标值		
					2004年	2016年	2023年	2004年	2016年	2023年
1	居民点	右100～200	昼间	70	54.6	55.0	55.2			
			夜间	55	38.2	40.4	44.2			
2	医院	左40	昼间	60	58.6	58.7	59.7			
			夜间	50	44.7	46.3	50.6			0.6
3	学校	左50	昼间	60	56.6	57.9	58.4			
			夜间		41.3	46.5	50.7			
4	学校	右80	昼间	60	59	59.3	59.4			
			夜间		42.2	43.5	46.4			
5	医院	右50	昼间	60	56.8	59.3	61.6			1.6
			夜间	50	47.5	52.8	54.2		2.8	4.2
6	学校	右60	昼间	60	65.8	65.9	66.0	5.8	5.9	6.0
			夜间		43.4	45.0	49.2			
7	学校	右70	昼间	60	55.7	56.4	55.6			
			夜间		41.2	43.4	47.2			
8	学校	右100	昼间	60	65.4	65.4	65.6	5.4	5.4	5.6
			夜间		44.5	45.1	46.7			
9	居民点	左50～200	昼间	70	64.2	64.3	64.5			
			夜间	55	41.7	43.0	49.3			

从表5-13可知，因营运初期的车流量小，噪声预测值不超标，交通噪声对敏感点的影响不大，营运中期和远期5号和2号的夜间噪声预测值超标；2号、5号、6号、8号处敏感点噪声预测值呈超标现象。

5.6.1.5　噪声污染防治措施

（1）施工期噪声污染防治措施

当施工场地位于敏感点附近时，禁止强噪声的机械夜间作业。如确因工艺需要必须连续施工时，必须先与受影响的居民取得联系，并进行适当的经济补偿。为减少施工机械噪声等的影响，可设置移动声屏障来消减噪声。

尽量采用低噪声的施工机械。对强噪声施工机械采取临时性的噪声隔挡措施。料场、拌和场等设置于距离声环境敏感点 300m 外。

按劳动卫生标准，控制施工人员的工作时间，对机械操作者及有关人员采取个人防护措施，如戴耳塞、头盔等。

施工便道远离学校、医院、居民集中区，不得穿越声环境敏感点。当施工便道 50m 内有成片居民时，禁止夜间在该便道上运输施工材料。在现有道路上运输建筑材料的车辆，承包商要做好车辆的维修保养工作，使车辆的噪声级维持在最低水平。

（2）营运期噪声防护措施

建议公路两侧区域规划时，在距公路 50m 内不要修建学校、医院等对声环境要求高的建筑，20m 以内不建居民住宅区。

控制行车噪声。加强公安交通、公路运输管理，禁止噪声超标车辆上行驶，并在集中居民区路段设禁止鸣笛标志。

进行施工环境监理。为确保施工过程中环保措施的落实，建议对本工程建设实施全程环境监理。

敏感点声环境保护。根据上述预测结果，对沿线敏感点采取相应的噪声防护措施，如安装声屏障、隔声窗、加高围墙、建设防护林带等。针对不同敏感点拟采取的措施略。

5.6.1.6　结论

（1）声环境现状监测表明，评价区内除个别临路敏感点受机动车行驶噪声影响较大外，整体声环境状况较好。

（2）公路施工期间的噪声主要来自施工机械和运输车辆的运行。昼间施工机械噪声在距施工场地 40m 以外地方符合《建筑施工场界噪声限值》GB 12523—90 标准限值；夜间距施工场地 300m 处符合标准限值。

（3）各路段交通噪声按照《城市区域环境噪声标准》中 4 类噪声标准衡量得出昼间全路段达标距离（距路中心）大于 20m；夜间全路段 2004 年达标距离大于 20m，2016 年和 2023 年达标距离大于 30m。

（4）营运近期和中期的车流量小，噪声预测贡献值较小，交通噪声对敏感点的影响不大；运营中远期，可能造成部分敏感点噪声超标，需要采取必要的噪声污染防护措施。

5.6.2　城市道路环境影响评价

城市道路（包括立交）的环境影响评价首先要注意的就是征地拆迁、道路施工对居民生产生活的影响，包括可能造成的居民出行不便、交通噪声、施工扬尘等影响。其次，要注意施工对原有交通基础设施、通讯设施、电力设施等的影响，避免因调查分析、现场踏勘不到位而对这些基础设施产生的不利影响和破坏。在进行评价时，要对沿线的环境保护目标，包括居住区、学校、政府机关等进行详细调查、分析和评价。

以"上海真北路道路新建工程环评"为例，这个项目是上海中环线的配套工程，也是大场镇老镇改造区最重要的南北向干线道路，全长 868m，按照城市干线公路设计，近期实施双向四车道。规划红线 50m，设计车速 50km/h。项目位置见图 5-5。

目前沿线有两个环境保护目标（朱家巷、东方红村），均为农村居住区，根据规划，

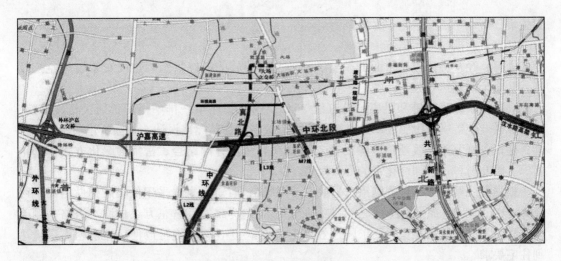

图 5-5　项目位置图

沿线即将建设大场镇新镇区，沿线主要建设住宅、文教区和城市广场。在进行环评时，主要对朱家巷和朱家巷的声环境、环境振动和环境空气状况进行调查、分析和评价。结果表明，本工程沿线靠近沪嘉立交区域受到交通噪声影响，声环境质量较差。沿线绝大部分区域没有显著声源，声环境现状良好，能够满足 2 类区标准。振动监测结果满足《城市区域环境振动标准》，沿线振动良好。NO_2 和 CO 监测值达到《环境空气质量标准》GB 3095—1996 二级标准，但 PM_{10} 有轻度超标。根据现状分析结果，分为施工期和营运期分别进行评价，并提出如下缓解措施：

（1）施工期噪声环境影响及其缓解措施

施工期噪声主要来自前期动拆迁、施工运输车辆以及土建施工中的施工机械等。施工期噪声夜间影响比昼间影响范围大、影响显著的特点，重点是避免夜间施工，如必须夜间施工，并公示周边公众；此外，采用低噪声施工机械、施工方式、合理选择运输路线等也是有效的施工期噪声污染防治措施：

（2）施工期振动影响分析和对策

施工期机械和车辆会带来一定的振动影响，但这类影响比较轻微且施工期振动影响是暂时的，随着沿线房屋的搬迁或施工结束，振动影响也将随之消失。

（3）施工期大气影响及其缓解措施

施工期主要的大气影响是扬尘污染，主要通过施工场围挡、洒水、密闭运输等进行控制。具体参照本报告提出的施工期扬尘污染防治措施和《上海市扬尘污染防治管理办法》。施工期前应该制定扬尘污染防治方案，并在是施工前 3 日内报行政主管部门备案。

（4）施工期固体废物环境影响及其缓解措施

施工期固体废物主要包括动拆迁产生的建筑垃圾、路基处理中的废弃土方、钻孔灌注桩施工中产生的废弃泥浆，以及施工中产生的其他废弃建材等。如果不及时清运这些废弃物，可以导致扬尘，污染水体，堵塞道路和河道，以及影响城市景观。应该按照《上海市建筑垃圾和工程渣土处置管理规定（修正）》进行合理处置。

施工前 5 日内应该向渣土管理部门申报建筑垃圾、工程渣土排放处置计划，填报建筑垃圾、工程渣土的种类、数量、运输路线及处置场地等事项，并与渣土管理部门签订环境卫生责任书。

（5）营运期噪声污染防治措施

禁鸣；经常维持道路路面的平整度和沥青铺装层的良好状态；建议安装超速监控设施，防止车辆超速行驶。

规划控制临路前排和距离道路红线35m以内并临路第一排不得新建居民楼、医院、学校、敬老院等噪声敏感场所，并要求做好沿线新建建筑隔声设计，确保所建场所噪声达标；建议在真北路红线外两侧各设置35m绿化，采用乔灌结合、密集的绿化方式，选用常绿、阔叶树种，增加绿化带的降噪效果。

根据沿线敏感点的预测结果，采取以下降噪措施：1）全线采用低噪声弹性路面，可降噪2～4dB；2）加强道路用地范围内的绿化；3）为朱家巷、东方红村面对道路一侧前两排房屋卧室安装隔声窗，要求隔声效果不低于25dB，该措施可以使房屋室内声环境达到住宅要求。

（6）营运期道路两侧大气污染物分布

一般气象条件下道路红线外不会出现超标，汽车尾气贡献值占排放标准的比例CO小于2%，NO_2小于27%；

不利气象条件下CO仍不会超标，NO_2在道路红线处出现超标，营运近期最大超标0.52倍，营运远期超标1.62倍，但距离公路红线20m外即可达标。根据气象数据这类不利气象条件的出现频率小于2%。此外，刚排放的汽车尾气中NO_2占NO_x的比例往往小于50%，因此实际超标情况会小于预测结果。

（7）沿线敏感点大气污染预测

一般气象条件下，沿线敏感点处CO和NO_2浓度均能满足《大气环境质量标准》GB 3095—1996的二级标准，沿线敏感点处CO最大小时浓度仅占排放标准的2%，NO_2最大小时浓度占排放标准的比例为25%。可见，一般气象条件下拟建项目对敏感点处大气污染贡献较小。

不利气象条件下下，沿线敏感点处CO仍能满足《大气环境质量标准》GB 3095—1996的二级标准，但紧靠道路的敏感点处NO_2出现超标。总体而言，本工程建设对沿线敏感目标的环境空气质量影响较小，仅在不利气象条件下会导致距离道路红线20m内敏感点处NO_2超标。

（8）营运期振动影响预测和对策

以往大量的监测表明，无论是共和新路这样的城市高架和地面主干道复合道路，还是杨高路这类大车比例很高、车速明显高于市政道路的主干线，其道路两侧的振动都低于70dB。类比可知，真北路建成后交通振动对道路两侧影响较轻，能够满足《城市区域环境振动标准》GB 10070—88"交通干线两侧"的适用标准（昼夜低于75/72dB）。

5.6.3 环境影响评价中的公众参与

在环境影响评价中，尤其是在城市道路（立交）的环境影响评价中，公众参与也是一个非常重要的内容。随着人们环保意识的增强和对居住环境质量要求的提高，公众参与越来越成为环境影响评价的一个重要环节，在开展环境影响评价工作时要特别关注。

下面以广东笔村立交改造工程环评为例进行说明。原笔村立交建于1994年，主要解决除广园快速路东西向直行以外的各个流向的左右转变及夏港大道（开发大道）南北方向直行问题。由于该转盘为全互通立交形式，且车流量大，现已不堪负荷。项目拟对原地面道路进行改造，新建两条南北向高架及西接南、南接西两条匝道，以解决塞车问题。为保证项目顺利实施，开展了立交改造工程公众参与意见征询调查，见表5-14。

立交改造工程公众参与意见征询调查　　　　　　　　　　　　　表 5-14

项目概况					
本项目主要为对连接广园东路和开发大道的笔村立交进行改造，加建两条南北向高架和两条由南北向接广园东路西侧的匝道，改善立交上各个流向的左右转弯及南北方向直行等问题。项目主桥长800m，两条匝道长分别为340m和390m，主桥按Ⅰ级城市主干道设计，设计时速60km/h，匝道按Ⅱ级城市次干道设计，设计时速30km/h。					
被访者代表类别	1 居民	2 学校	3 企事业单位	4 拆迁户	5 行人	6 其他

调查对象其他情况

姓名：　　　性别：　　　年龄：　　　职业：　　　文化程度：

住址：　　　　　　　电话：

问题1 您是否了解笔村立交目前现状及改造工程的情况？

A 了解	B 不了解

问题2 笔村立交改造工程建成使用后将会给区域带来的整体社会效益？

A 很好	B 好	C 一般	D 较差	E 差

问题2 理由是：

问题3 现在，您觉得本地最迫切需要解决的环境问题是：

A 噪声	B 废气	C 灰尘	D 其他

问题4 笔村立交改造工程建成后，您认为您所在区域环境质量会变得？

A 很好	B 好	C 一般	D 较差	E 差

问题5 笔村立交改造工程可能导致负环境影响？

A 对周围景观的影响	B 交通噪声扰民
C 废气和灰尘影响	D 桥梁污水对水域的影响
E 其他因素	

问题6 笔村立交改造工程建成使用后，您预计本地最迫切需要解决的环境问题是：

A 噪声	B 废气	C 灰尘	D 其他

问题7 您对笔村立交改造工程建设的可行性意见：

A 支持	B 不支持	C 其他

对笔村立交改造工程建设过程中及建成后环境影响的防治措施，您有什么建议：

　　结合公众调查，通过环境调查与分析、交通流量预测、环境影响和交通污染预测，做出了以下评价，并采取了相应的减缓措施：

　　（1）施工期声环境预测结果

　　施工期噪声昼间超标3～9dB，夜间超标1～23dB。施工噪声的影响主要集中在场界边缘50m范围内，拟采取在施工场地边缘设置2m高的围挡，严禁高噪音、高振动的设备在中午或夜间休息时间作业，施工单位应选用低噪声机械设备或带隔声、消声设备，禁止使用柴油发电机组。

（2）营运期声环境预测结果

本项目建成投入使用后，若不采取噪声污染防治措施，在近期（2010 年），路面上行驶机动车产生的噪声在道路两侧随距离的增加声级值逐渐衰减变小，由于其本身车流量较大，在交通高峰小时，在立交北侧，距离要达到 200m 以外才可以达到 70dB，而立交南侧由于车流量更大，200m 范围内均超过 70dB；昼间平均声级值，在立交北侧，距离要达到 100m 以外才可以达到 70dB，而立交南侧 200m 范围内均超过 70dB；夜间，南北两侧 200m 范围内均超过 55dB。

总体而言，项目的建设对附近噪声环境的影响较大。为避免笔村立交交通噪声对附近环境及建筑物的影响，本报告提出城市规划噪声控制距离和要求，规划噪声的控制距离为 200m，且道路两侧第一排不适宜新建对声环境比较敏感的建筑，如果在噪声超标范围内新建对声环境敏感的建筑物，则建筑物的设计要考虑隔声措施，以避免噪声的影响。此外，路面建议全部采用沥青减噪路面，并在道路两侧广植绿化。

（3）环境空气影响评价与对策措施

根据预测结果可知，在一般天气条件下，道路两侧的 NO_2 最大浓度符合评价标准要求；在不利天气条件下，立交北段及立交南段道路两侧的 NO_2 最大浓度超过了评价标准要求，在道路两侧 30m 距离外达标。

建议规划部门在立交两侧 15m 范围内，不应新增居民住宅建筑用地规划，第一排建筑物应尽量向后退缩，与道路保持一定的距离。此外，在道路两侧种植植物，利用植被净化空气以减轻机动车尾气的影响。

（4）生态环境影响评价及对策措施

本项目无需征地，全线在原来红线控制范围内，因此，项目建设只需砍伐少量的行道树和破坏少量的景观绿地，而不会影响原有植物群落的生长和分布，更不会导致其消失，经实地走访，项目沿线并没有发现需要特殊保护的植物，因此，在道路施工完成之后，进行复绿工程，则本项目建设不会生态环境造成明显影响。

第6章 道路交通环境影响的减缓措施

6.1 公路路线环保设计

公路工程建设应当尽量少占耕地、林地和草地，及时进行生态恢复或补偿。经批准占用基本农田的，在环境影响评价文件中，应当有基本农田环境保护方案。要严格控制路基、桥涵、隧道、立交桥等永久占地数量，有条件的地方可以采用上跨式服务区。尽量减少施工道路、场地等临时占地，合理设置取弃土场和砂石料场，因地制宜做好土地恢复和景观绿化设计。平原微丘区高速公路建设应尽可能顺应地形地貌，采用低路基形式。山区高速公路建设要合理运用路线平纵指标，增加桥梁、隧道比例，做好路基土石方平衡，防止因大填大挖加剧水土流失。

6.1.1 认真收集有关设计的资料

公路环境设计涉及的范围广，要综合考虑社会经济环境及自然地理环境，要求收集多方面的资料，要考虑工程队已建成项目的影响，对当前其他项目的影响，以及对将来可能拟建项目的影响。

6.1.2 线形设计是路线环境设计的关键

线形设计不但要满足公路运输功能的要求，同时要注意保护原有的环境景观。在设计通路线形时，依据自然地形和特征，充分利用地形地貌，尽量减少工程破坏，使整个工程与周围环境的风格相一致，使道路融入自然环境之中。

6.1.3 平面线形设计

采用直线线形大多难以与地形协调，特别是过长的直线易使司机感到单调或疲倦。因此，可采用绿化树种的不同组合或人工雕塑群来改善单调的景观、调整司机心理。曲线线形应注意其连续性，避免出现断背曲线，处理好小偏角大半径曲线的足够长度。一般情况下与自然等高线大致相适应的平面线形设计较好，使得公路与周围环境相协调。

6.1.4 纵面线形设计

注意与原始地形协调，以利于路面和边沟排水，设计成坡度缓和而平顺的纵向线形。大半径的竖曲线有利于扩大视距、美观路容，有利于安全行车。

6.1.5 横断面设计

高等级公路横断面较宽，对山岭重丘区横向地面起伏较大的路段。若整个横断面设计为同一标高，势必增加填挖方的工程量，对原有的地形、植被破坏较大，另外半填半挖路基的稳定性也要差一些。因此，横断面设计不必强求上、下行车道同一标高，即不必强求设计整体式断面，也可设计分离式断面，有分有合，既减少了工程量，又能与周围环境协调。

6.1.6 平、纵、横综合设计

平、纵、横线形组合，除了满足公路技术标准、满足汽车运动学的要求，还要满足人们视觉和心理上连续舒适、迅速安全的要求；同时必须满足环境保护的要求，一方面尽可能少破坏周围的天然植被、地形地貌、避免高填深挖；另一方面充分利用天然景点（如孤山、湖泊、高大树木）或人工构筑物（如古建筑物、园林、水坝）等，美化公路环境，使公路与大自然融为一体。为了美化环境，作为公路工程有的组成部分，路线与桥梁、隧道、立体交叉、沿线设施等构造物，应组成由特定风格的建筑群体，并利用绿化或雕塑等设施改善它们与沿线地形地物的配合，消除因兴建公路而造成的对自然景观的破坏。大型的构造物（如特大桥、互通立交）及其附属设施（带状公园、雕塑群）将成为新的旅游景区。

6.1.7 其他需要注意的问题

在交通环境保护中，道路设计时不仅要考虑其几何要素的要求，而且要从环保的角度进行设计，需要注意的有：

（1）公路是一种特殊的带状人工建筑物，经过的地区多，影响的范围大，是人们生活环境中的一个重要组成部分。公路路线设计对自然环境和社会环境都有一定的影响。一个城市或一个大型厂矿企业，文教设施的布局，在很大程度上取决于公路网的规划和设计。人们对公路线形的要求越来越高，因此，必须解决好公路设施与沿线的建筑风格协调、与自然环境协调，创造有独特风格的和谐的公路运行环境。公路路线设计在考虑满足公路运输技术要求、进行功能设计的同时，还必须满足环保要求，必须符合国家有关环境保护、土地管理，水土保持等法规要求，进行环境设计：要尽量保持原有的生态平衡，减少对公路沿线及土石料场、弃土堆等处原有植被、地貌的破坏，少占良田，以保护环境，保护土地资源，切实做到公路主体工程与环境工程同时设计、同时施工、同时投入使用（即"三同时"），尽量做到线形连续、视觉良好、景观协调、安全舒适。

（2）公路经过的沿线城镇时，应根据公路的使用任务、性质，结合城镇发展规划，采用绕行或以支线连接的方案，以减少拆迁，节省投资，减轻交通噪声及废气、废水、废渣对人口密集区的污染，还可减少交通事故。

（3）公路路线环境设计要有超前意识。必须认真研究公路工程建设对自然环境及社会环境带来的影响，并结合沿线城镇居民区、工农业经济区、名胜古迹旅游区、自然保护区的现有规模及发展规划进行综合分析，以预测工程队环境短期、中期及长期的影响，合理布设路线，以利于沿线资源的开发利用，利于沿线社会经济环境的改善。

总之，公路环境设计要有利于沿线自然风景的开拓，以及对不美景物的改造或遮蔽，不只限于公路本身创造出一个行车迅速舒适、清洁安全的环境，还在于创造一个更适合于公路两侧地区人民生活改善和经济发展，更适各种生物繁衍发展的生气勃勃的大环境。

6.2 路基横断面环保设计

6.2.1 分离式路基

在山区、丘陵地、台塬地、黄土高原等地形起伏变化较大的地区，道路上、下行车道采用分离式路基可以减少对原地貌的开挖，使道路不太显眼，对视觉环境的侵害减小。另外，在特殊景区（如山间湖泊），在不同高度的上、下行车道都能观赏到优美景色。

6.2.2 中央分隔带自然化

中央分隔带具有防眩和保证行车安全的功能，对改善道路景观环境亦具有显著作用。在有条件的地区，如山坡荒地、戈壁沙漠及草原等非农用土地的路段，增加中央分隔带的宽度，并将原地面植被、小土丘、坚固的石头等研友地物保留其中，使中央分隔带自然化。这样道路与周围环境有较好的协调性，也增加了道路景观。

6.2.3 取、弃土坑和采石场的处理

对于那些不能复耕、还耕及开发农副业的取、弃土坑和采石场应作景色处理，使受损的视觉环境尽快修复。常用的措施有植树、种草，使其尽快恢复地面植被，整修后用作停车场，修成池塘和周围绿化用于养鱼垂钓或用作鸟类保护池，有条件并需要时可修成道路景点。

6.2.4 道路绿化

道路绿化有稳定路基、改善生态环境、生活环境和景观视觉环境等综合作用。关于道路绿化技术规定及要求，请参阅《公路环境保护设计规范》。这里需提醒的是，道路沿线绿化的树木及草地一定要当地"土生土长"，据调查当地的"土"草比引入的外来草效果更好，且管护简便、省钱。

6.2.5 其他需要注意的问题

6.2.5.1 城市高架道路

从景观环境污染角度来看，高架道路有害无益。因此，除上海等一些特大城市因市区交通十分拥挤需建高架道路外，一般城市不宜建高架道路。

6.2.5.2 平原地区路基高度

我国平原地区高速公路和一级公路的路基高度平均在 3.5m 以上，对沿线民众的视觉环境和风土民情造成了较大影响，乘客也因看不到路侧地面而感到不自然。从道路建设可持续发展战略及与环境协调来看，再过若干年，当农村经济和生产方式发生较大变革后，这种长堤式的公路也许会成为遗憾。从道路景观环境要求，应尽量降低路基高度。

6.2.5.3 山区道路的路线设计

从经济角度，山区道路沿沟谷布线是合理的。但由于路基工程的大量高填深挖，给景观环境、生态环境和民众的生活环境（如与民争地，可能使沟谷河水减少并造成污染等）造成了很大影响，这种影响花再多的钱去治理也很难彻底根治。路线设计不仅要考虑其经

济效益，更要考虑其环境效益。从发展的眼光看，将路线沿低山的山梁或高山的山腰布设较为合理。

6.3 路堤、路堑边坡防护

路基防护与加固措施主要有边坡坡面防护、沿河路堤河岸冲刷防护与加固、路基支挡工程。路堑边坡防护形式与路基路面排水方案统一考虑，主要采用植草皮、浆砌片石网格植草、浆砌片石护坡及挡土墙等工程措施等。

6.3.1 工程措施

工程措施主要有以下几个方面：

（1）一般路堤边坡，填方高度大于 3m 时，采用浆砌片石衬砌拱护坡；填方高度大于 20m 时下部采用浆砌片石满铺护坡。

（2）水塘及浸水路基、临近大中桥头受洪水侵淹路堤设浆砌片石护坡。

（3）受地形地貌限制路段，根据具体情况采用路肩挡土墙或路堤挡土墙。水田地段设置护脚矮墙以节约土地。

（4）路堑边坡设计与边坡防护工程紧密集合。一般边坡稳定性较好路段采用窗孔式浆砌片石护面墙、实体浆砌片石护面墙、拉伸网草皮防护或喷浆防护等措施；特殊路段边坡采用锚杆挂网喷射混凝土。

（5）对于土质或岩质整体性差、破碎、岩层倾向路基的泥岩、砂泥岩互层的挖方边坡如清方数量不大，采取顺层清方，不能完成顺层清方的，尽可能放缓边坡，采取 M7.5 砂浆砌片石实体护面墙防护。

（6）对于整体性好、岩层水平背向路基、弱风化的砂、泥岩互层的挖方边坡，采用窗孔式浆砌片石护面墙；对于微风化的硬质砂岩采用喷浆防护；对于最上一级的土质矮挖方边坡，采用拉伸网草皮防护。

（7）地貌地质条件较差路段路堑边坡防护，采取以下措施：针对边坡的表层楔体破坏，设置锚杆挂网喷混凝土稳定边坡；针对边坡可能发生的顺结构面滑坡，尽可能放缓边坡顺层清方，不能完全顺层清方的，再设置锚杆挂网喷射混凝土稳定边坡，同时加强岩体的排水措施。

6.3.2 植物措施

植物措施有以下几个方面：

（1）垂直绿化法

垂直绿化法是指栽植攀岩性或垂吊性植物，以遮蔽混凝土及圬工砌体，美化环境。一般用于：

1）已修建的混凝土和圬工砌体构筑物处，如挡土墙、挡土板、锚定板及声屏障；

2）路堑边坡平台上、桥台桥处，特别采用挂网喷浆、护面墙等防护处理边坡等位置以攀岩性或垂吊性植物为主；

3）隧道洞口的仰坡上。这种方法主要从景观视觉效应考虑，一般 2～3 年可见成效，而边坡植物对路基稳定比较有利，可作为重点。

（2）三维喷播植草绿化

三维植被网又称土网垫，是以热塑性树脂为原料制成的三维结构，其底层为具有高模量的基础层，一般由1~2层平网组成，上覆起蓬松网包，包内填种植土和草籽，具有防冲刷和有利于植物生长的两大功能。即在草皮形成之前，可保护坡面免受侵蚀，草皮长成后，草根与网垫、泥土一起形成一个牢固的复合力学嵌锁体系，还可起到坡面表层加筋作用，有效防止坡面冲刷，达到加固边坡、美化环境的目的，主要用于边坡比缓于1：1路堤边坡和坡比不陡于1：1的路堑边坡上及在土质边坡、强风化的基岩边坡上，且其成本较低，绿化效果好。

（3）挖沟植草绿化

挖沟植草绿化是指在坡面上按照一定的行距人工开挖楔形沟，在沟内回填适应于草籽生长的土壤、养料、改良剂等有机肥土，然后挂三维植被网，喷播植草。此方法技术要求不高，人工劳动强度高，施工速度较慢，但造价低、绿化效果好，适用于边坡自身稳定，坡比不低于1：0.75基岩为泥、页岩或砂岩、泥岩互层的岩边坡或土质边坡，每级边坡一般不低于15m。根据坡比和基岩岩性分为3种情况。

1）对于坡高低于15m，坡率缓于1：1的泥岩、页岩边坡，三维网用U形锚钉和钢钉固定。

2）对于边坡坡率缓于1：0.75的泥岩、页岩边坡，三维网用U形锚钉和钢钉固定。

3）对于边坡坡率缓于1：0.75砂岩、泥岩互层边坡，在泥岩坡面上尽量开挖楔形沟，回填土，在整个坡面上喷射有机机材，泥岩坡面用坡面锚杆和U形锚碇固定三维网，砂岩坡面上用钢钉固定三维网，在喷射有机机材绿化。

（4）土工隔室植草绿化

土工隔室是20世纪80年代开发的一种新型特种土工合成材料，主要用中基加筋、垫层，现已用于边坡防护及绿化工程；此方法能使不毛之地的边坡充分绿化，且施工方便，可调节性好，适用于坡比不陡于1：0.3的稳定路堑边坡和路堤边坡，绿化的同时还可起到改善坡面排水性能的作用。

（5）钢筋混凝土骨架内加土工隔室植草绿化

这种方法是在路堑边坡坡面上现浇混凝土锚梁形成骨架，骨架内设置土工格室，并在格室内填土，从而在较陡的路堑边坡上培土20~50cm厚，然后挂三维网喷播植草绿化。适用于自身稳定的边坡。边坡坡率是1：0.3~1：1。

（6）有机基材喷播植草绿化

这一技术是20世纪90年代采用的新型喷薄绿化方式，它是将有机质土、长效肥、速效肥、粘接剂、保水剂及凝固剂和草籽等材料按一定比例搅拌均匀的有机基材，通过专门的喷播机喷播在挂有网底的坡面上，然后再在其表面喷播草种。草皮成长后，发达的根系能通过基材深入到岩体的节理中，能达到永久固坡和美化环境的双重目的。此方法国际上较为流行，可采用机械化操作，便于大面积施工。主要是用于高陡（坡比1：0.3~1：0.5）的稳定岩石路堑边坡，若与工程措施相结合，也可用于不稳定岩质边坡。

（7）钢筋混凝土骨架内填土植树绿化

钢筋混凝土骨架内填土植树绿化是指在边坡上现浇钢筋混凝土框架，在框架内填土后用土工格栅由坡底向坡顶反包抑制填土滑动，然后挂三维网喷播植草，并用U形锚钉或钢钉固定格栅和草皮。这种方法即能加固边坡，又能达到绿化目的。适用于：

1）对于边坡深部自身稳定，坡度较缓（1∶0.75）时，直接贴坡现浇钢筋混凝土骨架，不加锚杆固定，填土后用双向土工格栅反包，后挂三维网喷播植草绿化。

2）对于边坡深部自身稳定，坡度陡于（1∶0.3～1∶0.5）时，用普通锚杆固定钢筋混凝土骨架，填土后用双向土工格栅反包，后挂三维网喷播植草绿化。

6.4 公路建设对社会环境影响的对策

6.4.1 对拆迁与安置影响的对策

选定路线方案时，应尽可能绕避村镇和环境敏感建筑物，避免大规模的拆迁。当路线同环境敏感建筑物等有干扰时，应作防护与拆迁等多方案比较。确需拆迁时，应根据国家和当地政府的有关政策提出安置方案。选线时应减少零散分割行政区。

6.4.2 对沿途居民和生物影响的对策

公路选线时应注意行政区划、居民聚集区、学校、乡镇企业等的位置及人群流向，对人员出行数量、出行目的以及路网布局而设置横向构造物，并充分考虑通道内的排水、通风设计等。构造物的形式与间距应根据具体情况而定。对暂无通行要求，但已通过规划为开发区的路段，应考虑发展要求，增设构造物或加大通行净空。

路线经过农田耕作区时，横向构造物应结合农业耕作特点，与农田的基本建设相协调。

对畜牧和野生生物出没的地区，所设通道以下穿方式为宜，在数量上应满足畜牧转场的要求。

6.4.3 对沿途基础设施影响的对策

公路与其他交通设施发生相互干扰、影响时，一般采用上跨、下穿的方式通过，在复杂地区以与周围环境相协调的立交形式来解决。公路应尽可能与沿线地带的农田水利排灌工程、人工蓄防洪设施的布局及发展规划相协调，对排灌设施进行合并、调整或改移时，不得影响原有排灌功能与要求，不得压缩河道的过水断面。

对影响其他基础设施的要重新设计、妥善处理。

6.4.4 对沿途资源产生影响的对策

人口、粮食及资源是影响当今世界可持续发展的主要问题，我国是一个人口大国，土地资源十分有限，公路建设应该尽可能减少对土地资源的占用和破坏，具体措施有：合理布局路线，避免重复设线；尽可能降低路基高度，并设置支挡物，减少两侧边坡占地；公路用地以不占耕地、良田、果园，多利用荒地、荒坡、滩涂等节约用地原则，工程取土应结合当地土地利用规划设计，取土场位置及取土方法尽可能地节约土地，保护耕地，并在施工结束后应尽快复耕还田，恢复农业生产。

6.4.5 对沿途景观环境影响对策

路线应尽量绕避省级以上文物、遗址、名胜古迹、风景区等保护区,不能绕避,则必须采用补救措施。如重庆渝合高速公路为避免对北温泉风景区的破坏,而两次跨越嘉陵江,增加了工程造价。服务区、停车场应充分利用天然或人文景点进行设计,其风格应与周围环境相协调。

视觉质量是社会环境质量的重要要素,视觉要素已开始取得与其他资源同等重要的地位加以保护及利用。主要做法是将道路融合到周围环境中,充分利用树林、草林和起伏的地形等尽可能把公路建设的视觉冲击对周围环境的影响减少到最小;加强对自然资源的保护,为动、植物生存提供空间;利用周围景观资源为公路的使用者提供有兴趣的景观。

6.5 公路建设对生态环境影响的对策

6.5.1 对野生动植物影响的对策

公路建设和营运,必须遵守国家保护野生生物和生物多样性的有关法规,并根据各地具体情况采取切实可行的措施。

(1) 合理选线

道路选线,通常应避开珍惜濒危野生动物及古树名木集中分布区、重要自然遗迹分布区、具有旅游价值的自然景观区、自然保护区、风景名胜区和森林公园等地区。《中华人民共和国自然保护区条例》明确规定:"禁止在自然保护区进行砍伐、放牧、狩猎、捕捞、采药、开垦、烧荒、开矿、采石、挖沙等活动,但是,法律、行政法规另有规定的除外。"该条例还规定:"在自然保护区的核心区和缓冲区内,不得建设任何生产设施。在自然保护区的实验区不得建设污染环境、破坏环境资源或者景观的生产设施;建设其他项目,其污染物排放不得超过国家和地方规定的污染物排放标准。"公路中心线应距省级以上自然保护区边缘宜不小于100m。

(2) 采取保护措施

如果道路必须通过上述特殊区域时,应建有效的保护措施,如公路通过林地时,严禁砍伐公路用地范围之外的不影响视线的林木;经过草原时,应注意保护草原的植被,取、弃土场应选择在牧草生长较差的地方;路线经过法定湿地时应避免造成生态环境的重大改变,施工废料应弃于湿地范围以外。此外,还可以建立保护网栏、兽类通道及桥涵等。严格管理措施,如限制汽车运行速度,限制噪声,减少尾气污染等。必要时可对某些直接影响的珍惜濒危植物迁地保护。

图 6-1 为青藏铁路建设中为方便藏羚羊通过而设置的标志和通道。

6.5.2 公路建设将引起水土流失及地质灾害对策

6.5.2.1 水土流失的防治范围

(1) 道路施工区

指道路主体工程及配套设施工程占地所涉及范围。包括工程基建开挖、填筑区、采

图 6-1 野生动物通道

石、取土开挖区、工程扰动的地表及堆积弃土石渣的场地等。该区是引起人为水土流失及风蚀沙质荒漠化的主要物质源地。

（2）影响区

指道路施工直接影响和可能造成损害或灾害的地区。包括表松散物、沟坡及弃土石渣在暴雨径流、洪水、施工中的爆破作业，对附近建筑和岩土产生影响所危及的范围，可能导致崩塌、滑坡、泥石流等灾害的地段。

（3）预防保护区

指道路影响区以外，可能对施工或道路营运构成严重威胁的主要分布区。如威胁道路的流动沙丘、危险河段等所在地。

6.5.2.2　水土流失的防治对策

总的防治对策是控制影响道路施工与营运的洪水、风口动力源；加固施工区的物质源，实现新增水土流失和自然水土流失二者兼治。

（1）道路施工区为重点设防、重点监督区。公路建设应尽可能与原有地形、地貌配合，减少开挖面、开挖量，尽量填挖平衡。工程基建开挖应尽量减少破坏植被。费弃土石渣不许向河道、水库、行洪滩地或农田倾倒。取土点应选在荒山、荒地，废弃渣场应选择适宜地方，并布设拦渣、护渣、倒渣及排水防护设施。对崩塌、滑坡多发地区的高陡边坡，要采取削坡、砌护、导流等设施进行边坡治理。岩体风化严重的石质挖方边坡或松散碎石填方边坡地段，宜采用植物与工程综合防护措施。施工中被破坏、扰动的地面，应逐步恢复植被或复垦。在道路沿线还应布设必要的绿化，起到美化和生物防护功能。

（2）直接影响区为重点治理区。在道路沿线，根据需要布设护路、护河、护田、护村等工程措施，还应造林种草、修建梯地、坝地。达到保护土地资源，减少水土流失，提高防洪、防风沙能力，减少向大江大河输送泥沙。

（3）预防保护区以控制原地面水土流失及风蚀沙化为主，开展综合治理。

6.5.3　公路水污染处理

6.5.3.1　施工期的水环境污染防治

道路施工期间，无论是施工废水还是施工工地的生活污水，都是暂时性的，随着工程的建成其污染也将消失，通常道路施工期的污水对环境不会有多大影响，可采用简单经济的处理方法。如施工营地的生活污水采用化粪池处理，施工废水采用小型蒸发池收集，施工结束将这些污水池清理掩埋等。

大桥，特大桥施工期间对水环境的污染主要是向水体弃渣，向水体跑，冒，滴，漏有毒有害物质，对此污染的防治，主要是靠加强施工期间的监督管理，采用有效的，先进的施工工艺，保证清洁施工的进行。

跨越桥梁桥面径流不能直接排入被跨水体中，因此设置了相应的桥面雨水收集处理装置。主要采用人工湿地处理方式，将桥面雨水集中收集至人工湿地后，采用生物、生态的处理方式，处理路面径流达到相应的排放标准。

6.5.3.2 营运期的水环境污染防治

道路建成后投入运营期间，其服务设施将排放一定数量的污水，如服务小区的污水，洗车台的污水，加油站的地面冲洗水，路段管理处及收费站的生活污水等。这些设施一般均排入城市污水系统，随着城市污水处理一起达到净化处理的目的。但若这些设施远离城镇不能直接排入污水系统，应修建适当的污水处理设施处理污水达标后排放。

另外，道路路面径流也将在一定程度上造成水污染，如道路运营期间，货物运输过程中路面上的抛洒，汽车尾气中颗粒在路上的降落，汽车燃油在路面上的滴漏及轮胎与路面的磨耗物等，当降水形成路面径流就携带这些有害物质排入水堤或农田之中，造成一定程度的污染。尤其是道路距水源保护地，生活营水源和水产养殖水地较近时，应考虑路面径流随对水环境的污染，避免路面径流的流入，必要时可设置一定的净水设施处理污染。

6.5.3.3 含油污水的处理

高速公路服务区汽车维修站、加油站的污水，常含有泥沙和油类物质。油类不溶于水，在水中的形态为浮油或乳化油。乳化油的油滴微细，且带有负电荷，需破乳混凝后形成大的油滴才能除去。汽车维修站和加油站的含油污水以浮油为主，通常采用隔油池进行处理。隔油池是指用自然浮上法去除可浮油的构筑物。去除浮油的原理是：当污水进入隔油池后，密度小于水而粒径较大的可浮油粒便浮于水面，而密度大于1的重质油和可沉固体则沉向池底。在隔油池的出水端设置有集油管，将浮油收集去除。

6.6 道路交通空气污染控制措施

6.6.1 施工期空气污染防治

6.6.1.1 扬尘

在运输物料时不能装得过饱和，在运输和堆放石灰、粉煤等材料时应有遮盖，如袋装。

6.6.1.2 沥青烟

在道路建设中散发沥青烟的主要有两道工序。一是沥青混合料的生产场在熬油、搅拌、装车等工序中产生、散发沥青烟；二是沥青路面施工现场、沥青混合料是车辆倾倒时散发大量沥青烟，随后摊铺、碾压过程中也散发沥青烟。对于沥青混合料生产场的沥青烟的散发可用下列方法进行防治：

（1）吸附法

吸附法是利用吸附原理，采用表面大的吸附剂吸附沥青烟技术。吸附法的关键是选择合适的吸附剂，常见的吸附剂有焦炭粉、白云石粉、滑石粉等。吸附法是防治沥青烟灰的一种好的办法。

（2）洗涤法

洗涤法是利用液体吸收原理，在洗涤塔中采用液相洗涤剂吸收沥青烟技术。工艺流程通常是使沥青烟先进入捕雾器捕集，而后进入洗涤塔洗涤。洗涤塔的形式以喷淋塔居多，洗涤液由泵送至塔顶，沥青烟则由塔底部进入，烟尘与洗涤液在塔内相向接触，经洗涤后的烟气由塔顶排入大气，洗涤液落到塔的底部重复使用。洗涤也可以用清水、溶剂油等。

（3）静电捕集器

静电捕集器是由放电极和捕集组成的捕集极装置。其基本原理是：当沥青烟进入电场后，由放电极放电使沥青烟中的微粒带电驱向捕集极，达到清除沥青烟微粒的目的。静电捕集器的运行电压一般在 40000～60000V 之间。静电捕集器的捕集效率较高，一般大于 90％。

（4）焚烧法

由于沥青烟是由 100 多种有机化合物组成的混合气体，在一定温度和供氧的条件下是可以燃烧的，因此，可以用焚烧法处理沥青烟气。沥青烟的燃烧温度在大于 790～900℃时才能完全燃烧。沥青烟的浓度越高越便于燃烧。为了在较低的温度下使沥青烟能完全燃烧，可用催化燃烧方法。

目前，道路施工已普遍采用沥青拌和设备，该设备有上述两种以上沥青烟消除装置，能较好地防治沥青烟对周围环境空气的污染。在沥青路面混合料拌和工程施工中应配备除尘效果好的拌合设备，或采用静电除尘等措施以减轻粉尘污染。同时，应强调操作人员必须戴防尘口罩、眼睛和帽子。

6.6.2　营运期空气污染防治

营运期大气污染的防治主要从两个方面入手：一是进一步降低汽车内燃机的油耗和排放，欧美及日本等发达国家在这方面投入了大量的人力物力，对内燃机进行了深层次的研究，例如，1993 年美国总统提出开展 PNGV 大型科研计划，要求在 15 年内，在保持动力性能的同时大幅度降低污染，使汽车的耗油率降低到 1993 年指标的三分之一，相比之下，我国汽车的排放状态还处于在西方发达国家上世纪 70 年代水平，潜力很大。二是安装汽车尾气净化器，对汽车排放的 NO_X、CH、CO 及颗粒物等进行污染控制。催化反应技术是净化汽车尾气的重要的，也是主要的手段，如催化转化器。

6.6.3　车辆使用及管理措施

车辆使用及管理措施如下：

（1）对新车的排放严加控制

随着我国人民生活水平的飞速提高，对新车的需求量年年有大幅度的增长。严格控制新车污染物排放量，是控制机动车污染的重要措施之一。为此，应改进机动车发动机系统内的净化措施，以及对所排尾气的机体外净化。中国国家技术监督局于 1999 年颁布了新的汽车排放标准，基本上沿用了欧洲的标准体系，并决定分两个阶段实施。第一阶段为 2000 年 1 月 1 日至 2004 年 6 月 30 日，对轻型汽车（LDV），CO 的排放标准为 3.16g/km，HC 加 NO_X 为 1.13g/km，PM 为 0.08g/km。为满足该排放标准要求，所有新车必须采用闭环电控喷射装置，安装三元催化转化器和使用优质无铅汽油。其次，就是对现有车辆的尾气排放也要严格控制，措施是改进发动机机内、机外的净化状况。

（2）改善燃料品质

尾气主要来自机动车的燃料燃烧，改善燃料品质对机动车排放物的削减潜力为10%～30%。改善燃料的品质是减少排污量的重要措施之一。如用无铅汽油取代含铅汽油，提高油品中苯、甲苯等芳香烃和烯烃的含量，通过烷基化和异构化增加直链烃含量。另外，可以向汽油中加入甲醇、乙醇类含氧添加剂，提高汽油的辛烷值。再就是降低汽油的饱和蒸汽压（RVP），这样可减少 HC 在汽车内、加油过程中、油的储运过程中的蒸发量。注意不可将芳烃、烯烃和含氧添加剂的含量增加太多，否则会增大 NO_X 的排放量。

1）改善燃油品质影响柴油质量的因素有含硫量、十六烷值、芳香烃含量和燃料添加剂。采用水力脱硫法，可减少 SO_2 的排放。增加十六烷值可改善冷启动过程，减少白烟、CO、HC、NO_X 及颗粒物排放。芳香烃含量高，会增加颗粒物排放，解决措施是加入十六烷增强剂。加入添加剂可降低油品的点火温度，减少油耗和污染物排放量。

2）用替代燃料代替汽油和柴油，可明显减少机动车气态污染物排放量。现阶段常用的燃料包括：电能、氢气、天然气、液化石油气、醇类燃料（甲醇、乙醇）等等。例如，天然气，主要成分是甲烷，属高燃点轻质燃料，储运方便、辛烷值高、燃烧限宽，可燃烧烷烯混合气，废气排放量少于汽油和柴油，废气中不含 CO、铅、苯、芳香烃等致癌物。液化石油气（LPG）是石油及石油气生产中的副产品，也可以由天然气合成，主要成分是丙烷、丙烯、丁烷和丁烯。性能特点是着火温度高于汽油、柴油，为 441～550℃，辛烷值 103～105，抗爆性好，无需添加汽油，既可单独使用。LPG 的燃烧排气中，HC 比烧汽油时低 32%，CO 低 92%。

3）甲醇及甲醇-汽油混合燃料。甲醇可由煤、天然气、木材的垃圾等多种原料单独合成，也可由电解水得到氢，再由 H_2 和 CO_2 经化学反应合成。甲醇的辛烷值高，理论空燃比小、排污量小。

4）乙醇及乙醇-汽油混合燃料。乙醇可由植物类原料经发酵等方法生产，属可再生能源。燃烧这类燃料可降低 HC、NO_X 排放量。

5）氢燃料。它是一种理想的清洁燃料，可取代石油系列燃料成为新一代能源。

（3）采用新型环保交通工具

近些年来，人们为了从根本上机动车废气污染问题，先后开发成功了电动车（以蓄电池作为能源）、混合电力车（设置汽油发动机及蓄电池供电电动机。两种发动机可单独使用，也可同时使用，或者是使用两种或两种以上燃料）和燃料电池车（使用燃料电池，可直接把化学能转化为电能，驱动汽车）。另外，还有试验型的太阳能动力车。

6.7 道路交通噪声控制措施

6.7.1 规划管理降噪

合理的道路规划和区域规划，对噪声控制具有战略意义。为了控制交通噪声，道路规划和区域规划时应考虑以下问题：

（1）交通干线应避免穿越城市市区和乡镇的中心区。尽可能避让学校、医院、城镇居民住宅区和规模较大的农村村庄等环境敏感点。

（2）城市道路两侧应布置商业、工贸、办公等建筑，以起声障作用。临街如建住宅时，将临路侧布置厨房、厕所等非居住用房，或采用封闭门、窗、走廊等隔声措施。如果道路为南北向时，将住宅等敏感性建筑的端面（山墙）朝街（见图6-2），以减小噪声干扰。

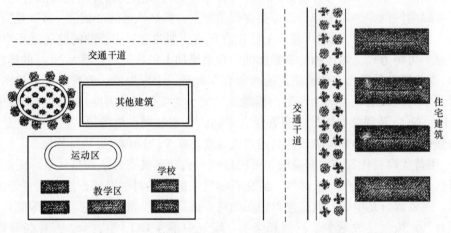

图 6-2　合理布置道路与建筑物降噪

（3）交通干道与学校、住宅、医院之间设绿地或其他非敏感性建筑。

（4）改善城市道路设施，使快、慢车和行人各行其道，不仅改善了行车条件，而且使道路交通噪声有所降低。

6.7.2　控制路线距环境敏感点的距离

噪声随传播距离的衰减和在传播途中的吸收衰减时声波的基本性质，利用该基本性质控制路线敏感点的距离是交通噪声防治的根本途径。由线声源模型，当距行车线的距离 r 为 r_0（7.5m）的 2 倍时，噪声级降低 3dB；当 r 为 r_0 的 4 倍时，噪声级降低 6dB；此外，如接受点距地面高度小于 3m 时，因地面吸收的衰减也是十分显著的。公路中心线距声环境敏感点应大于100m，其中距医院、疗养院、学校宜大于200m。

道路选线除应保证行车安全、舒适、快捷、建设工程量小等原则外，还应根据环境噪声允许标准控制路线距环境敏感点的距离，最大限度地避免道路交通噪声扰民。

6.7.3　合理利用障碍物对噪声传播的附加衰减

噪声传播途中遇到声障，会对声波反射、吸收和绕射产生附加衰减。一般主要有以下几种措施：

（1）利用土丘、山岗降低噪声。路线布设时，尽可能利用地貌地物作声障。见图6-3将路线布设在土丘外侧，使村舍处于声影区。

（2）利用路堑边坡降低噪声。图6-4为路堑边坡对噪声传播的声障作用。对于环境敏感路段，采用路堑形式能起到噪声防治效果。

104

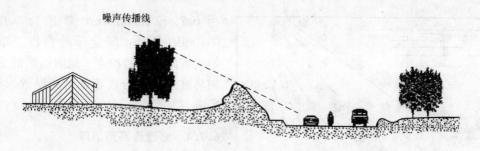

图 6-3　利用土丘作声屏障

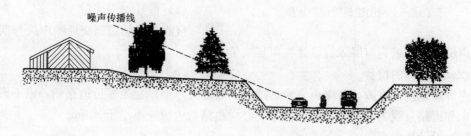

图 6-4　利用路堑作声屏障

（3）利用构筑物或建筑物降低噪声。构筑物如土墙、围墙，沿街的商务建筑和其他不怕噪声污染的建筑（如仓库等）能起到很好的降噪作用。图 6-5 是利用土墙作声屏障的示意图。

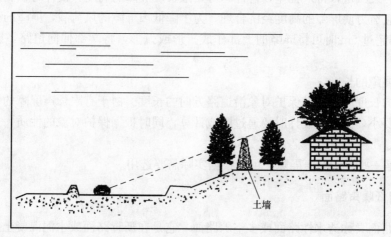

图 6-5　利用土墙作声屏障

另外，由于学校的声环境质量比村庄居住区的要求高，当路线布设在村舍一侧，能满足居住区的环境噪声标准时，亦保护了学校的声环境质量，见图 6-6。

（4）利用绿化带、林带降低噪声。道路路线布设应尽量利用原有林带的环保作用，还应加强道路周围绿化，改善环境质量。一般来说，街道两侧的观赏遮阴绿林，降噪效果并不大，只有种植灌木丛或者多层林带构成绿林实体才能有效降噪。大多数绿化实体的衰减量平均每米衰减 0.15～0.17dB。其中松林（树冠）全频带噪声级降低量平均值为 0.15dB/m，冷杉（树冠）为 0.18dB/m，茂密的阔叶林为 0.12～0.17dB/m，浓密的绿篱

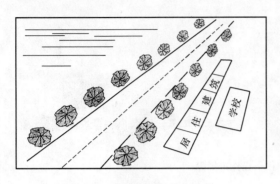

图 6-6 利用建筑物作声屏障

为 0.25～0.35dB/m，草地为 0.07～0.10dB。另外，绿化带的高度、厚度、不同密度树冠的组合、地面高度的变化、树林整片还是分段布置对降噪效果都有影响。

6.7.4 修建道路声屏障

声屏障声学设计内容如下：

（1）设计噪声减量

接收点处的道路交通噪声级与期望环境噪声级之差，成为声屏障的设计噪声衰减量。

（2）声屏障的位置

声屏障越接近声源，其噪声衰减量越大。通常将声屏障建于靠近道路侧，以不影响行车安全和道路景观为前提。一般声屏障中心线距路肩边缘应不小于 2.0m。

（3）设计接受点

声屏障设计接受点应设在建筑群中噪声袭击最大，或噪声敏感性最大的建筑处。

（4）声屏障的高度

当声屏障的位置确定后，它与接受点、生源三者之间的相对距离及高差确定。根据确定的设计噪声衰减量，得声程差，再计算得无限长声屏障的高度。设计时在满足噪声衰减的前提下，应努力使屏障的高度经济合理。为了降低声屏障的风荷载，屏障的高度不宜超过 5m。如需超过 5m 时可将屏障的上部作成折形或弧形，将端部伸向道路，以使更接近声源。

（5）声屏障的长度

声屏障的长度应大于其保护对象沿道路方向的长度。由于有限长声屏障的噪声衰减量比无限长时要小，因此，设计时要通过图或计算，同时根据保护对象的性质、规模确定声屏障的长度。

图 6-7 是一些典型的声屏障，可以根据实际需要选用。

6.7.5 使用低噪声路面

低噪声路面又称透水性路面或多空隙路面。它是在沥青路面或水泥混凝土路面结构层上铺筑一层具有很高孔隙率的沥青混合料，其空隙率通常在 15%～20% 之间，有的甚至更高，而普通沥青路面的孔隙率仅在 3%～6% 之间，多孔沥青路面具有良好的宏观构造，这种宏观构造不同于一般防滑沥青路面，它不仅在路面，而且路面内部形成发达而贯通的孔隙，成为一种负宏观效应，其减噪量一般为 2～7dB。根据刚性骨架多孔材料的微观理论和声学原理，对影响低噪声路面声学特性的因素孔隙率、流阻率、扭曲因子和孔型因子的分析表明，孔隙率的影响是主要的。从路面结构来看，厚度及粒径对吸声系数也有影响，路面的吸声系数随厚度的增加而趋于稳定，常用多空隙路面的厚度为 2～5cm。材料孔隙的形状和构造、孔隙大小、孔壁的粗糙程度灯会对材料的吸声性能产生影响。一般来说，孔径较小的材料吸声系数大，但孔隙太小易被行车尘埃堵塞，为平衡以上矛盾，集料

图 6-7　一些典型的声屏障

的最大料径以 15mm 为宜。

从欧洲一些国家铺筑的开级配多孔隙沥青路面试验路段测得的结果，较传统的密集配路面降低噪声 3～6dB，雨天可降低约 8dB。试验路面层的孔隙率大多为 20％左右，是否可再加大孔隙率进一步降低噪声，该课题由德国卡尔斯鲁尔工业大学研究。法国 Rhone 省联合 Michelin 研究室，从 1988 年起对低噪声路面的理论进行研究，得出的结论是采用加厚多孔隙路面可以降低噪声 10dB 以内，但最大不会超过 10dB。

6.8　道路交通振动防治

道路交通激振引起道路两侧地面振动，会对人体、建筑、精密设备和文物等产生影响。道路交通振动的防治较为困难，根据国际、国内经验，可以采取下列措施：

（1）控制道路与敏感点的距离

振动在地面传播时，其振动强度随传播距离衰减较快。一般情况，道路交通振动传至距路边 30m 左右便不会有太大的影响，传至 50m 便可安全。对于有特殊要求的敏感点如天文台、文物古迹等，可以根据相应的振动标准控制路线距这些地点的距离，这是最简便的措施。

（2）降低道路交通振动强度

提高和改善路面平整度；研究采用有橡胶树脂的沥青混凝土防振路面。由于路面的不平整是道路交通振动的主要激振因素，因而提高和改善路面的平整度是降低道路交通振动的主要措施。

（3）修建防振沟

防振沟是在振动源与保护目标之间挖一道沟，以隔离地面振动的传播，所以又叫隔振沟。一般防振沟的宽度应大于 60cm，沟深应为地面波长的 1/4。通常防振沟的深度应在被保护建筑物基础深度的两倍以上。为了有效地隔离道路交通振动，防振沟的长度应大于保护目标沿道路方向的长度，有时需要在保护目标的周围挖一圈防振沟。防振沟内最好是不填充物体而保持空气层，但在实际中较难实现，通常是填充砂砾、矿渣或者其他松散材料。需要注意的是，防振沟内如果被填充坚实，或者被灌满水将失去隔振作用。由此可见，防振沟本身是一项比较艰巨的工程，因此，只有在特别需要时才采用，一般情况下不宜采用。

6.9　交通环保投资与计算

在现在公路建设项目环境影响评价中，不同评价单位对环保投资的界定和估算方法存在一些差异，在此引用 2006 年 5 月实施的《公路建设项目环境影响评价规范》中的公路建设项目环境保护投资项目及环保投资估算指标，见表 6-1 和表 6-2。

建设项目生态保护措施及投资估算一览表　　　　　　　　　　　　　　表 6-1

序号	生态保护措施	主要建设内容及技术经济指标	投资估算/万元
1	生态保护		
	（1）		
	（2）		
	…		
2	生态恢复		
	（1）		
	（2）		
	…		
3	生态补偿		
	（1）		
	（2）		
4	生态建设		
	（1）		
	（2）		
	…		
5	其他措施		
	（1）		
	（2）		
	…		

序号	投资项目	单位	投资（万元）	备　注
一	环境污染治理投资			
1	声环境污染治理			
1.1	声屏障（含环境设施带）	延米		
1.2	围墙	延米		
1.3	建筑物封闭外廊	延米		
1.4	隔声窗	m²		
1.5	低噪声路面	m²		
1.6	防噪林带	m²		
1.7	建筑物拆迁	m²		不含正常的工程拆迁
1.8	专设的限速、禁鸣标志等	处		
2	振动治理			
2.1	减振沟	m		
3	环境空气污染治理			
3.1	附属设施锅炉烟尘、餐饮油烟处理设施	套		
3.2	收费亭、隧道强制通风设备	套		
3.3	防护林带	m²		注意与 1.6 的协调
3.4	施工期降尘措施			不含成套搅拌设备本身应具备的除尘装置
3.5	建筑物拆迁	m²		注意与 1.7 的协调，不得重复计算费用
4	地表水环境污染治理			
4.1	附属设施污水处理设施	处		
4.2	施工期生产和生活废水处置	处		含隧道施工废水处置
4.3	路面汇水集中处理设施	处		如独立的排水系统，排水系统中的泥沙沉淀、隔油池、集水井（池）等
二	生态环境保护投资			
1	绿化美化工程	m²		除包括公路用地范围内的绿化费用外，还应包括为补偿因道路建设所占原有绿地面积在道路用地范围以外建设的绿化工程等的费用
2	对湿地、草原、草场的保护工程或置换工程			含在牧区为转场特设的通道
3	公路经过渔业养殖水域所采取的防护措施			含给予渔政部门的渔业资源补偿费用，不含给渔民的直接赔偿费用
4	公路经过自然保护区所采取的特殊工程措施			如特殊的防护隔栅、动物通道等

序号	投资项目	单位	投资（万元）	备 注
5	保护沿线土地资源措施			如耕地表土剥离及保护、堆料场复垦
6	取弃土（含石方）场所生态恢复和水保措施			根据项目预算，要求初步落实
三	社会经济环境保护投资			
1	通道和人行桥工程	处		为构成道路交通网而设置的互通立交、分离式立交、路线桥等构造物除外
2	为保护人文景观、历史遗产所采取的措施			如文物勘察、挖掘和保护费用，特设的跨越或遮挡工程等
3	危险化学品运输事故的防范措施			如危险品检查站设置、事故应急车、敏感路段监控等
4	工程拆迁及安置费用			不计征地及青苗费用
5	为补偿因公路建设所占用水源（特别是农村的饮用水源）的供水工程费用			
	...			
四	环境管理及其科技投资			
1	专设监测站的基建费、仪器设备费、装备费等			根据项目检测计划确定
2	项目环境保护专业人员及监理工程师等的技术培训费			根据项目培训计划确定
3	环境监测费用			根据项目环境监测计划确定
4	项目环境保护工作人员的薪酬及办公经费			根据项目环境管理计划确定
5	环境工程（设施）维护和运营费用			按有关费率确定
6	工程环境监理费用			按有关费率确定
	...			
五	环境保护税费项目			按一定费率或税率收取
1	水土保持补偿费			
2	造林费、林地补偿费			
3	耕地费、造地费			
4	矿产资源税			
5	文物勘察费、文物挖掘保护费			
6	渔业资源保护费			
	...			

附录 A　常用英语词汇

highway traffic environment	公路交通环境
highway traffic noise	公路交通噪声
highway noise barrier	公路声屏障
sound insulation by building	建筑物隔声
lower-noise road surface	低噪声路面
highway roadside ecosystem	公路路域生态环境
environmentalimpactassessment	环境影响评价
environmentalimpactanalysis	环境影响分析
environmental protection	环境保护
traffic noise	交通噪声
traffic vibration	交通振动
air pollutant	空气污染物
emission estimation	排放量估算
air pollution	大气污染
dust	粉尘
fume	烟
smoke	黑烟
fog	雾
TSP	总悬浮微粒
air quality	空气质量
air impact assessment	大气影响评价
emission modeling	排放模型
auto emission	机动车排放
emission factors	排放因子
automobile exhaust	汽车排气
appraisement	评价，估价
method	方法
strategic	战略的，战略上的
environmental	周围的，环境的
assessment	估价，被估定的金额
absorption coefficient	吸收系数
risk assessment	风险评估
acidrain	酸雨

acoustics	声学
aerosols	气溶胶
aesthetic criteria	美学标准
visual impact assessment	视觉影响评价
lead poisoning	铅中毒
environmental protection agencies	环境保护局
air pollutant transport	空气污染物传输
merged plumes	水流汇合
physical models	物理模型
point source gaussian plume models	点源高斯模型
emission estimation	排放量估算
hazardous pollutants	危险污染物
toxic	有毒
air pollution control act	大气污染控制法
airport noise	机场噪声
mitigating	减缓
air quality Act	空气质量法
air quality criteria	大气质量标准
air quality impact assessment	大气质量影响评价
emission modeling	排放模型
toxic air pollution	有毒空气污染
mobile sources	流动源
GISapplication	地理信息系统应用
ambient air quality standards	环境空气标准
ambient standards	环境标准
ambient water quality standards	环境水质标准
amplitude of oscillation	振荡振幅
environmental defense fund	环境保护基金
NEPA	国家环境政策法
asian development bank	亚洲开发银行
risk assessment requirement	风险评价要求
atmospheric dispersion models	大气弥散模型
atmospheric reaeration	大气复氧
program	项目
auto emission standards	机动车排放标准
clean air act amendments	清洁空气法修正案
emission factors	排放因子
technology-forcing	技术为基础的
automobile exhaust	汽车排气

average cost	平均成本
A-weighted sound pressure levels	A-计权声压
eutrophication	富营养化
environmental impact assessment for plan/program	规划环境影响评价
environmental management	环境管理
traffic pollution	交通污染
transportation pollution	公交排放污染
pollution control	污染控制

附录 B 常 用 环 保 知 识

B1　环境背景值

环境背景值是指在不受外来污染影响的条件下，水体、大气、土壤、生物等环境要素在其自身产生与发展过程中形成的化学元素组分的含量。环境背景值反映了环境质量的原始状态，故又称为环境本底。

环境背景值是一个相对的概念。实际上，人类的生产活动已使环境污染遍布世界各地，很难找到绝对不受人类活动和环境污染影响的环境要素，水体、大气、土壤、生物等环境要素的化学组成和元素含量都已经发生了明显的变化。因此，只能在人类活动相对较少的地方获取环境样品，建立环境背景值，这是环境背景值在空间上的相对性。同时，环境背景值在时间上也是相对的。随着经济建设的发展，环境污染也在加剧，目前的环境污染程度已远远超过工业革命以前的环境污染程度，所以环境污染值具有时间上的相对性。

由于不同地区的环境物质组成与发展过程不同，环境背景值也不同，所以不同的地区有不同的环境背景值。同一地区，因发展阶段不同，背景环境值也不相同，所以同一地区在不同的发展时期有不同的环境背景值。

环境背景值根据环境要素的不同，可分为水体背景值、大气背景值、土壤背景值和生态环境背景值等。

B2　环 境 容 量

环境容量是指某一区域的环境在其使用功能不受破坏的条件下，所能容纳的污染物的最大负荷量。环境中污染物的数量超过环境容量，这一环境的生态平衡和正常功能就会遭到破坏。

环境容量的大小主要取决于三个因素：

一是环境背景条件。如环境空间的大小，水文、气象、土壤、植被等环境要素特征。环境空间越大，环境对污染物的净化能力就越大，环境容量就越大；水体的流量越大，稀释扩散能力越大，环境容量越大；风速越大，越有利于污染物的扩散，大气环境容量就越大。

二是环境使用功能的高低。环境使用功能不同，保护标准也不一样。例如，饮用水要按饮用水标准保护，农田灌溉水的水质要符合农田灌溉水质标准。对高功能水域，要实施高标准保护；对低功能水域，要实施低标准保护。所以，环境保护标准的高低，决定着环境容量的大小。

三是污染物本身的物理化学性质。污染物的理化性质越不稳定，就越容易分解，环境的容量越大。

环境容量具有稀缺性的特点，因而是一种资源，从严格的意义上讲，环境质量的控制目标是不容许污染物在环境中扩散的。企业向环境排放污染物，实际上就是占用了环境容量资源。实行环境容量资源的有偿使用，是环境保护的重要手段。目前，环境容量已广泛应用于区域污染物排放总量控制和区域环境规划。

B3 环 境 自 净

环境自净是指在物理、化学和生物作用下，环境中污染物浓度不断降低和消除的现象。环境自净是环境本身所具有的一种自我调节、自我保护功能。

环境的自净过程包括物理净化、化学净化和生物净化三个主要过程。物理净化过程包括稀释作用、扩散作用、混合作用、吸附作用、沉降作用和挥发作用等。如水体中的污染物在流动过程中得到扩散而稀释，固体物质经沉淀析出，使污染物浓度降低，这是水体的物理净化作用。大气中的污染物，在自然条件的影响下向空中扩散稀释，浓度大幅度下降；或是受重力作用，较重粒子沉降到地面。化学自净过程包括分解与化合、氧化与还原、水解与聚合作用等。如水体中污染物由于氧化、还原、吸附和凝聚等而使浓度降低。生物净化过程是将有毒有害污染物（如水中的有机污染物），通过生物活动，尤其是微生物的作用，分解为无害的产物。

环境自净过程的主要特征：一是污染物浓度逐渐下降；二是部分有毒污染物转变为低毒或无毒物质；三是重金属污染物被吸附或转变为不溶性化合物，沉淀后进入底泥；四是部分复杂有机物被微生物利用和分解，变成二氧化碳和水；五是不稳定污染物转变成稳定的化合物。

影响环境自净过程的因素很多。如水体的地理条件、水温、微生物的种类与数量、污染物的组成、污染物浓度等都是影响水体自净的重要因素。影响生物净化的主要因素，则是环境的水热条件、供氧条件等。

B4　光化学烟雾

汽车尾气排放和矿物燃料燃烧等过程，直接向大气排放的氮氧化物和碳氢化合物等污染物，称为一次污染物。在阳光照射下，这些污染物发生光化学反应，生成臭氧、醛、酮、脂类等新的污染物，它们被称为二次污染物。大气中一次污染物和二次污染物构成的混合物，具有很强的刺激性，呈浅蓝色，人们把它们叫做大气光化学烟雾。

光化学烟雾的主要成分过氧乙酰硝酸酯、甲醛、酮、丙烯醛等对人的眼睛具有强烈的刺激作用。其中，过氧乙酰硝酸酯是一种很强的催泪剂，其作用相当于甲醛的 200 倍。1970 年东京发生光化学烟雾时，有 2 万人患红眼病。光化学烟雾对鼻、咽、气管和肺等器官有明显的刺激作用。1943 年洛杉矶市发生的光化学烟雾事件中，65 岁以上的老人两天内死亡 400 多人。光化学烟雾中的臭氧、过氧乙酰硝酸酯、乙烯等对植物的毒性作用很大。污染物使植物的叶片呈现中毒病斑，出现青铜色或银白色病斑，影响农作物的正常生长。光化学烟雾中形成的气溶胶长期飘浮在空气中，降低大气的能见度，妨碍汽车、飞机等交通工具的安全运行。

光化学烟雾最初发生在美国洛杉矶，随后在墨西哥的墨西哥市、日本的东京市以及中国的兰州市也相继发生了多起光化学烟雾事件。

B5 酸 雨

酸雨是 pH 小于 5.6 的雨、雪或其他形式的大气降水，是一种大气污染现象。酸雨的形成是一个极为复杂的大气物理和大气化学过程。降水在形成和降落过程中，会吸收大气中的各种物质，如果酸性物质多于碱性物质，就会形成酸雨。雨水的酸化主要是大气中的 SO_2 和 NO_X（NO 和 NO_2），两者在雨水中分别转化为 H_2SO_4 和 HNO_3。平均来讲，酸雨中的酸性物质 80％～100％是硫酸和硝酸成分，而其中又以硫酸为主。

酸雨是当代世界面临的重大环境问题之一。人们把酸雨描绘成"无声无息的危机"，"一次正在发生的环境大灾祸"和"空中死神"，反映了人们对广泛、复杂和多方面的环境影响所表现出来的深深焦虑。酸雨对环境和人类的危害是多方面的，主要表现如下：引起江、河、湖、水库等水体酸化，影响水生动植物的酸湖；使土壤酸化，有害金属（Al、Cd 等）溶出，伤害植物根系，Ca、Mg、K 营养元素流失，微生物氨化作用和氧化分解有机质活动受抑制，尤其是植物叶面受害最为严重，直接危害农业和森林草原生态系统；酸雨会加速建筑物的石料及金属材料的风化、腐蚀。

B6 水体的富营养化

水体的富营养化是指湖泊、水库、河口、缓流的河流及近海水体中营养物质（一般指氮、磷等营养物）过量积累，引起水生单细胞藻类和大型水生植物异常繁殖生长，水体透明度降低，植物残体腐烂发臭，溶解氧耗竭，水质恶化，一些浮游生物产生对动物和人体有害的毒素的过程。

在自然条件下，水体由贫营养状态发展到富营养的状态是非常缓慢的自然过程，湖泊水体从贫营养阶段演变到富营养阶段，继续演变到沼泽地，再演变成陆地，整个过程极为缓慢，需要几千年甚至几万年的时间，而且湖泊的发生、发展和消亡也受到地质地理条件的制约。在富营养化阶段，水体中出现的生物主要是微型藻类，这些微生物能够源源不断地得到营养而繁殖，死亡后通过腐烂分解，营养元素又释放到水体中，供更多的生物利用。大量的生物残体堆积到水底，使湖泊逐渐变浅，直至成为沼泽。一些高山极地湖泊的富营养化，大多属于这种天然的富营养化。

人为的水体富营养化是在人类活动的影响下发生的，可以在短期内出现。例如，人为破坏植被或过量使用化肥，造成地表径流富含营养元素；向湖泊或近岸海域直接排放含有营养元素的工业废水和生活污水，均可以引起水生单细胞藻类和其他微生物的过度繁殖，溶解氧迅速降低，水体富营养化在短期内出现。

由于富营养化水体中占优势的浮游生物种类不同，水体会呈现不同的颜色，如蓝色、红色、棕色、乳白色等。这种现象发生在江河湖泊中称为"水华"，在海洋中则称为"赤潮"。

B7　赤　潮

海水中的某些微生物在短时间内大量繁殖或聚集，使海水颜色发生变化，呈现红色、黄色或褐色，因此称为赤潮。赤潮是一个历史沿用名，实际上赤潮并不一定都是红色的，可因引发赤潮的生物种类和数量不同而呈现出不同颜色。如夜光藻、中缢虫等形成的赤潮是红色的，裸甲藻赤潮则多呈深褐色、红褐色，角毛藻赤潮一般为棕黄色，绿藻赤潮是绿色的，一些硅藻赤潮一般为棕黄色。因此，赤潮实际上是各种色潮的统称。

赤潮是一种严重的海洋公害，是赤潮生物迅速繁殖的结果，会使海水水体中的氧气大量被消耗，造成海洋生物窒息死亡。有些赤潮生物能够释放毒素，毒死吞食赤潮生物的鱼和贝类，再通过食物链危害人类。大量的赤潮生物还能遮蔽照射到水下的阳光，影响海洋生物的光合作用，进而影响海洋生物链的正常循环。在江河口海区和沿岸、内湾地区、养殖水体比较容易发生赤潮。

B8　环境监测

环境监测是指用化学、物理、生物或综合性方法，间断或连续地测定环境污染因子的浓度（或强度）在时间或空间上变化规律的过程，包括监测点位的设置、样品采集、实验室分析、监测数据处理与分析等步骤。环境监测的主要任务是说明环境质量现状及其变化趋势，监控污染源排污状况。

环境监测按监测对象可分为环境质量检测和污染源监测。以环境要素为对象的监测称为环境质量监测，如大气环境监测、水环境监测、土壤环境监测、环境生物监测、环境噪声监测、放射性监测和电磁辐射监测等。以污染源为对象的监测称为污染源监测，如化工厂污水监测、锅炉废气监测、交通噪声监测等。

B9　空气污染指数

为客观反映我国空气污染状况，近年开始了大中城市空气污染指数（API）日报工作。目前计入空气污染指数的项目定为：二氧化硫（SO_2）、可吸入颗粒物（PM_{10}）、二氧化氮（NO_2）、一氧化碳（CO）、臭氧（O_3）。空气污染指数的范围从 0 到 500，其中 50、100、200 分别对应于我国《环境空气质量标准》中的一、二、三级标准的污染物平均浓度限值，500 则对应于对人体健康产生明显危害的污染水平。

B10　城市热岛效应

城市热岛效应指城市中的气温明显高于其周围郊区的现象。由于郊区气温低于城区气温，形成一个岛状的热中心，就像突出海面的岛屿一样，被形象地称为城市热岛。城市热岛效应使城市年平均气温比郊区高出 1℃ 以上。在夏季，城市局部地区的气温能比郊区高 6℃，形成强度的热岛。如美国洛杉矶市区年平均气温比周围农村高 0.5～1.5℃，夏季南京城区与城郊温差达 4～6℃。

城市热岛效应的形成有 4 个原因：一是城市地面为混凝土、柏油路面及各种建筑物覆盖。这些人工建筑物吸热快而热容量小，在相同的太阳辐射条件下，表面温度明显高于绿地、水面等这些高热容量物体，形成巨大的热源。二是城市中绿地、水体减少，缓解热岛效应的能力被削弱。绿地通过蒸腾作用，不断地从环境中吸收热量，降低环境空气的温度。三是城市工业、交通运输及居民生活向外排放大量的热量。四是大气污染严重。大量排放的二氧化碳、氮氧化物和粉尘等污染物吸收热辐射，产生温室效应，引起升温。

热岛效应造成的高温热浪，会引发各种慢性病、传染病和大量中暑事件；引起城乡间的局部环流，使郊区的空气向城市流动，加剧城市污染；城市气候失常，灾害性天气增多，影响城市生活。减弱热岛效应的重要途径，是减少热量排放、增大绿化面积、尽可能扩大城市水面、节约能源等。

B11 温室效应

大气中的二氧化碳（CO_2）、甲烷（CH_4）、氧化亚氮（N_2O）、氯氟烃（氟利昂）和水蒸气等气体吸收地球表面的红外辐射，使地球表面从太阳辐射获得的热量较多，而散失到大气层以外的热量较少，引起大气层温度增加。这种效应就像温室的玻璃或塑料薄膜的覆盖层，让太阳光直接照射进温室，加热室内空气，而又不让室内的热空气向外散发，使室内的温度保持高于外界的状态，这就是大气的温室效应。

二氧化碳是数量最多的温室气体，也是人类活动造成其浓度正在增加的最重要气体，对温室效应的贡献最大，占 60％～70％；其次是甲烷（CH_4）和氧化亚氮（N_2O）。

温室效应会使全球气候变暖。二氧化碳浓度增加一倍，将会使全球平均温度增加 1.5～7℃，高纬度地区增加 4～10℃。气候变暖导致气候异常。气候变暖还会使极地冰雪融化，海平面上升。气候变化，引起生态环境恶化，导致土地干旱，沙漠化面积增大，农作物的减产和物种灭绝。

附录 C　常用法规学习提示

与道路交通环境保护相关的法律法规很多，对于刚刚从事道路交通环境保护学习和研究的人员，需要了解的主要有：中华人民共和国环境保护法、中华人民共和国环境影响评价法、中华人民共和国水土保持法、中华人民共和国大气污染防治法、中华人民共和国环境噪声污染防治法、建设项目环境保护管理条例、建设项目竣工环境保护验收管理办法、交通建设项目环境保护管理办法、中华人民共和国公路法等。

为学习方便，本书将这些法律法规中与道路交通直接相关的条文进行摘录并对学习时应该注意的问题进行提示。

C1　中华人民共和国环境保护法（节选）

第二条　本法所称环境是指影响人类生存和发展的各种天然的和经过人工改造的自然因素的总体，包括大气、水、海洋、土地、矿藏、森林、草原、野生生物、自然遗迹、人文遗迹、自然保护区、风景名胜区、城市和乡村等。

学习提示：环境的概念是相对的，是相对于环境主体而言的，它的概念是随着时间的变化而变化。譬如说，月球环境因目前对人类的影响不大而不列为环境范畴。但随着时间的变化和科学技术水平的提高，当有一天，月球环境与人类的生产生活息息相关时，它将被纳入环境的范畴。

第七条　国务院环境保护行政主管部门，对全国环境保护工作实施统一监督管理。

县级以上地方人民政府环境保护行政主管部门，对本辖区的环境保护工作实施统一监督管理。

国家海洋行政主管部门、港务监督、渔政渔港监督、军队环境保护部门和各级公安、交通、铁道、民航管理部门，依照有关法律的规定对环境污染防治实施监督管理。

县级以上人民政府的土地、矿产、林业、农业、水利行政主管部门，依照有关法律的规定对资源的保护实施监督管理。

学习提示：第七条明确了环境保护的行政权限，行政主管部门按照级别有：国家环境保护部、各省的环保厅（局）、市环保局、区（县）环保局等。

第十三条　建设污染环境的项目，必须遵守国家有关建设项目环境保护管理的规定。

建设项目的环境影响报告书，必须对建设项目产生的污染和对环境的影响作出评价，规定防治措施，经项目主管部门预审并依照规定的程序报环境保护行政主管部门批准。环境影响报告书经批准后，计划部门方可批准建设项目设计任务书。

学习提示：本条规定的"环境影响报告书经批准后，计划部门方可批准建设项目设计任务书。"需要记住。

第十七条　各级人民政府对具有代表性的各种类型的自然生态系统区域，珍稀、濒危的野生动植物自然分布区域，重要的水源涵养区域，具有重大科学文化价值的地质构造、著名溶洞和化石分布区、冰川、火山、温泉等自然遗迹，以及人文遗迹、古树名木，应当采取措施加以保护，严禁破坏。

学习提示：在进行公路路线设计时，应重点考虑这些环境敏感点（有时也称"环保目标"）。

第二十六条 建设项目中防治污染的设施，必须与主体工程同时设计、同时施工、同时投产使用。防治污染的设施必须经原审批环境影响报告书的环境保护行政主管部门验收合格后，该建设项目方可投入生产或者使用。

学习提示：在交通项目的建设过程中也要执行"三同时"制度。

第三十一条 因发生事故或者其他突然性事件，造成或者可能造成污染事故的单位，必须立即采取措施处理，及时通报可能受到污染危害的单位和居民，并向当地环境保护行政主管部门和有关部门报告，接受调查处理。

学习提示：遇有桥梁通过重要水体时，如危险品、化学品运输车辆发生交通事故导致水体污染时，要按照此条执行。

C2 中华人民共和国环境影响评价法（节选）

第二条 本法所称环境影响评价是指对规划和建设项目实施后可能造成的环境影响进行分析、预测和评估，提出预防或者减轻不良环境影响的对策和措施，进行跟踪监测的方法与制度。

学习提示：本法中的这条给出了环境影响评价的定义，是针对规划和建设项目的，其实从广义来说，环境影响评价还包括建设项目投入使用后的后评价。虽然法律对后评价没有规定，但我国对高速公路建设项目的后评价工作已经开展，并越来越受到重视。

第四条 环境影响评价必须客观、公开、公正，综合考虑规划或者建设项目实施后对各种环境因素及其所构成的生态系统可能造成的影响，为决策提供科学依据。

学习提示：这条规定了环境影响评价的原则，在进行评价时要以遵守。

第五条 国家鼓励有关单位、专家和公众以适当方式参与环境影响评价。

学习提示：目前开展环境影响评价时，我国比较重视公众参与，进行交通建设项目的环境影响评价时，通常要在网上征求公众的意见和建议。

第六条 国家加强环境影响评价的基础数据库和评价指标体系建设，鼓励和支持对环境影响评价的方法、技术规范进行科学研究，建立必要的环境影响评价信息共享制度，提高环境影响评价的科学性。

国务院环境保护行政主管部门应当会同国务院有关部门，组织建立和完善环境影响评价的基础数据库和评价指标体系。

学习提示：在开展环境影响评价时，真实、可靠的基础数据对评价的结果至关重要。在进行环境影响研究时，基础数据也同样重要，是我们分析环境影响规律，提出预防措施的必备资料。但目前我国在环境基础数据库和评价指标体系建设、环境影响评价信息共享方面的工作还需进一步加强。

第七条 国务院有关部门、设区的市级以上地方人民政府及其有关部门，对其组织编

120

制的土地利用的有关规划，区域、流域、海域的建设、开发利用规划，应当在规划编制过程中组织进行环境影响评价，编写该规划有关环境影响的篇章或者说明。

规划有关环境影响的篇章或者说明，应当对规划实施后可能造成的环境影响作出分析、预测和评估，提出预防或者减轻不良环境影响的对策和措施，作为规划草案的组成部分一并报送规划审批机关。

未编写有关环境影响的篇章或者说明的规划草案，审批机关不予审批。

第八条　国务院有关部门、设区的市级以上地方人民政府及其有关部门，对其组织编制的工业、农业、畜牧业、林业、能源、水利、交通、城市建设、旅游、自然资源开发的有关专项规划（以下简称专项规划），应当在该专项规划草案上报审批前，组织进行环境影响评价，并向审批该专项规划的机关提出环境影响报告书。

前款所列专项规划中的指导性规划，按照本法第七条的规定进行环境影响评价。

学习提示：这两条对规划环境影响评价进行了相应规定，对于各类交通规划的环境影响评价，我国还没有广泛开展，但在交通专项规划报告中一般都有环境影响篇章或者说明。

第十条　专项规划的环境影响报告书应当包括下列内容：

（一）实施该规划对环境可能造成影响的分析、预测和评估；

（二）预防或者减轻不良环境影响的对策和措施；

（三）环境影响评价的结论。

学习提示：交通专项规划的环境影响评价工作按本条执行，在进行评价时要结合规划的内容和特点进行。

第十六条　国家根据建设项目对环境的影响程度，对建设项目的环境影响评价实行分类管理。

建设单位应当按照下列规定组织编制环境影响报告书、环境影响报告表或者填报环境影响登记表（以下统称环境影响评价文件）：

（一）可能造成重大环境影响的，应当编制环境影响报告书，对产生的环境影响进行全面评价；

（二）可能造成轻度环境影响的，应当编制环境影响报告表，对产生的环境影响进行分析或者专项评价；

（三）对环境影响很小、不需要进行环境影响评价的，应当填报环境影响登记表。

建设项目的环境影响评价分类管理名录，由国务院环境保护行政主管部门制定并公布。

学习提示：根据本条规定，不同的项目在进行环境影响评价时需要提交的环境影响评价文件是不同的。通常来说，新建道路交通项目需要编制环境影响报告书，改扩建项目视环境影响情况编制环境影响报告表或填报环境影响登记表。

第十七条　建设项目的环境影响报告书应当包括下列内容：

（一）建设项目概况；

（二）建设项目周围环境现状；

（三）建设项目对环境可能造成影响的分析、预测和评估；

（四）建设项目环境保护措施及其技术、经济论证；

（五）建设项目对环境影响的经济损益分析；

（六）对建设项目实施环境监测的建议；

（七）环境影响评价的结论。

涉及水土保持的建设项目，还必须有经水行政主管部门审查同意的水土保持方案。

环境影响报告表和环境影响登记表的内容和格式，由国务院环境保护行政主管部门制定。

学习提示：编写环境影响报告时，按本条规定执行。

第二十条 环境影响评价文件中的环境影响报告书或者环境影响报告表，应当由具有相应环境影响评价资质的机构编制。

任何单位和个人不得为建设单位指定对其建设项目进行环境影响评价的机构。

学习提示：根据国家环境保护总局 2005 年颁布的《建设项目环境影响评价资质管理办法》规定，开展环境影响评价的单位必须有相应的资质。评价资质分为甲、乙两个等级。取得甲级评价资质的评价机构，可以在资质证书规定的评价范围之内，承担各级环境保护行政主管部门负责审批的建设项目环境影响报告书和环境影响报告表的编制工作。取得乙级评价资质的评价机构，可以在资质证书规定的评价范围之内，承担省级以下环境保护行政主管部门负责审批的环境影响报告书或环境影响报告表的编制工作。

C3 中华人民共和国水土保持法（节选）

第十八条 修建铁路、公路和水工程，应当尽量减少破坏植被；废弃的砂、石、土必须运至规定的专门存放地堆放，不得向江河、湖泊、水库和专门存放地以外的沟渠倾倒；在铁路、公路两侧地界以内的山坡地，必须修建护坡或者采取其他土地整治措施；工程竣工后，取土场、开挖面和废弃的砂、石、土存放地的裸露土地，必须植树种草，防止水土流失。

第十九条 在山区、丘陵区、风沙区修建铁路、公路、水工程，开办矿山企业、电力企业和其他大中型工业企业，在建设项目环境影响报告书中，必须有水行政主管部门同意的水土保持方案。水土保持方案应当按照本法第十八条的规定制定。

建设项目中的水土保持设施，必须与主体工程同时设计、同时施工、同时投产使用。建设工程竣工验收时，应当同时验收水土保持设施，并有水行政主管部门参加。

学习提示：这里节选的是与公路建设有关的规定，为防止水土流失，在进行公路建设时按这两条执行。

第二十条 各级地方人民政府应当采取措施，加强对采矿、取土、挖砂、采石等生产活动的管理，防止水土流失。

在崩塌滑坡危险区和泥石流易发区禁止取土、挖砂、采石。崩塌滑坡危险区和泥石流易发区的范围，由县级以上地方人民政府划定并公告。

学习提示：在进行公路建设时，修筑路基等环节需要大量取土，在取土时要按照本条规定执行。

C4 中华人民共和国大气污染防治法（节选）

第三十二条 机动车船向大气排放污染物不得超过规定的排放标准。任何单位和个人不得制造、销售或者进口污染物排放超过规定排放标准的机动车船。

第三十三条 在用机动车不符合制造当时的在用机动车污染物排放标准的，不得上路行驶。

省、自治区、直辖市人民政府规定对在用机动车实行新的污染物排放标准并对其进行改造的，须报经国务院批准。

机动车维修单位，应当按照防治大气污染的要求和国家有关技术规范进行维修，使在用机动车达到规定的污染物排放标准。

第三十四条 国家鼓励生产和消费使用清洁能源的机动车船。

国家鼓励和支持生产、使用优质燃料油，采取措施减少燃料油中有害物质对大气环境的污染。单位和个人应当按照国务院规定的期限，停止生产、进口、销售含铅汽油。

第三十五条 省、自治区、直辖市人民政府环境保护行政主管部门可以委托已取得公安机关资质认定的承担机动车年检的单位，按照规范对机动车排气污染进行年度检测。

交通、渔政等有监督管理权的部门可以委托已取得有关主管部门资质认定的承担机动船舶年检的单位，按照规范对机动船舶排气污染进行年度检测。

县级以上地方人民政府环境保护行政主管部门可以在机动车停放地对在用机动车的污染物排放状况进行监督抽测。

C5 中华人民共和国环境噪声污染防治法（节选）

第二条 本法所称环境噪声，是指在工业生产、建筑施工、交通运输和社会生活中所产生的干扰周围生活环境的声音。本法所称环境噪声污染，是指所产生的环境噪声超过国家规定的环境噪声排放标准，并干扰他人正常生活、工作和学习的现象。

学习提示：环境噪声与物理学上所说的噪声含义有所不同。环境噪声主要是从人的主观感觉出发，凡是人们不需要的，对人的生产、生活产生影响的都是噪声。

第十一条 国务院环境保护行政主管部门根据国家声环境质量标准和国家经济、技术条件，制定国家环境噪声排放标准。

学习提示：环境噪声排放标准要根据国家声环境质量标准和国家经济、技术条件制定，而且不是一成不变的，它将随着国家的经济、技术水平等变化。

第十二条 城市规划部门在确定建设布局时，应当依据国家声环境质量标准和民用建筑隔声设计规范，合理划定建筑物与交通干线的防噪声距离，并提出相应的规划设计要求。

学习提示：规划降噪是降低道路交通噪声、保护噪声敏感点的有效手段，在进行道路交通规划时要善于使用。

第十三条 新建、改建、扩建的建设项目，必须遵守国家有关建设项目环境保护管理的规定。建设项目可能产生环境噪声污染的，建设单位必须提出环境影响报告书，规定环境噪声污染的防治措施，并按照国家规定的程序报环境保护行政主管部门批准。环境影响报告书中，应当有该建设项目所在地单位和居民的意见。

学习提示：在进行城市道路、立交桥等交通基础设施的改建时，要注意按照本条执行，防止由于噪声扰民引发纠纷。

第十四条　建设项目的环境噪声污染防治设施必须与主体工程同时设计、同时施工、同时投产使用。建设项目在投入生产或者使用之前，其环境噪声污染防治设施必须经原审批环境影响报告书的环境保护行政主管部门验收；达不到国家规定要求的，该建设项目不得投入生产或者使用。

学习提示：在新建和改建道路交通基础设施时，要按照本条的规定，使噪声屏障等防治设施与主体工程同时设计、同时施工、同时投产使用，即常说的"三同时"制度。

第三十一条　本法所称交通运输噪声，是指机动车辆、铁路机车、机动船舶、航空器等交通运输工具在运行时所产生的干扰周围生活环境的声音。

第三十二条　禁止制造、销售或者进口超过规定的噪声限值的汽车。

第三十三条　在城市市区范围内行驶的机动车辆的消声器和喇叭必须符合国家规定的要求。机动车辆必须加强维修和保养，保持技术性能良好，防治环境噪声污染。

第三十四条　机动车辆在城市市区范围内行驶，机动船舶在城市市区的内河航道航行，铁路机车驶经或者进入城市市区、疗养区时，必须按照规定使用声响装置。警车、消防车、工程抢险车、救护车等机动车辆安装、使用警报器，必须符合国务院公安部门的规定；在执行非紧急任务时，禁止使用警报器。

第三十五条　城市人民政府公安机关可以根据本地城市市区区域声环境保护的需要，划定禁止机动车辆行驶和禁止其使用声响装置的路段和时间，并向社会公告。

第三十六条　建设经过已有的噪声敏感建筑物集中区域的高速公路和城市高架、轻轨道路，有可能造成环境噪声污染的，应当设置声屏障或者采取其他有效的控制环境噪声污染的措施。

第三十七条　在已有的城市交通干线的两侧建设噪声敏感建筑物的，建设单位应当按照国家规定间隔一定距离，并采取减轻、避免交通噪声影响的措施。

C6　建设项目环境保护管理条例（节选）

第六条　国家实行建设项目环境影响评价制度。

建设项目的环境影响评价工作，由取得相应资格证书的单位承担。

第七条　国家根据建设项目对环境的影响程度，按照下列规定对建设项目的环境保护实行分类管理：

（一）建设项目对环境可能造成重大影响的，应当编制环境影响报告书，对建设项目产生的污染和对环境的影响进行全面、详细的评价；

（二）建设项目对环境可能造成轻度影响的，应当编制环境影响报告表，对建设项目产生的污染和对环境的影响进行分析或者专项评价；

（三）建设项目对环境影响很小，不需要进行环境影响评价的，应当填报环境影响登记表。

建设项目环境保护分类管理名录，由国务院环境保护行政主管部门制订并公布。

第八条　建设项目环境影响报告书，应当包括下列内容：

（一）建设项目概况；

（二）建设项目周围环境现状；

（三）建设项目对环境可能造成影响的分析和预测；

（四）环境保护措施及其经济、技术论证；

（五）环境影响经济损益分析；

（六）对建设项目实施环境监测的建议；

（七）环境影响评价结论。

涉及水土保持的建设项目，还必须有经水行政主管部门审查同意的水土保持方案。

建设项目环境影响报告表、环境影响登记表的内容和格式，由国务院环境保护行政主管部门规定。

第九条　建设单位应当在建设项目可行性研究阶段报批建设项目环境影响报告书、环境影响报告表或者环境影响登记表；但是，铁路、交通等建设项目，经有审批权的环境保护行政主管部门同意，可以在初步设计完成前报批环境影响报告书或者环境影响报告表。

按照国家有关规定，不需要进行可行性研究的建设项目，建设单位应当在建设项目开工前报批建设项目环境影响报告书、环境影响报告表或者环境影响登记表；其中，需要办理营业执照的，建设单位应当在办理营业执照前报批建设项目环境影响报告书、环境影响报告表或者环境影响登记表。

学习提示：这条规定了环境影响报告书或者环境影响报告表的报批时间，工作时按规定执行。

第十条　建设项目环境影响报告书、环境影响报告表或者环境影响登记表，由建设单位报有审批权的环境保护行政主管部门审批；建设项目有行业主管部门的，其环境影响报告书或者环境影响报告表应当经行业主管部门预审后，报有审批权的环境保护行政主管部门审批。

海岸工程建设项目环境影响报告书或者环境影响报告表，经海洋行政主管部门审核并签署意见后，报环境保护行政主管部门审批。

环境保护行政主管部门应当自收到建设项目环境影响报告书之日起 60 日内、收到环境影响报告表之日起 30 日内、收到环境影响登记表之日起 15 日内，分别作出审批决定并书面通知建设单位。

预审、审核、审批建设项目环境影响报告书、环境影响报告表或者环境影响登记表，不得收取任何费用。

第十二条　建设项目环境影响报告书、环境影响报告表或者环境影响登记表经批准后，建设项目的性质、规模、地点或者采用的生产工艺发生重大变化的，建设单位应当重新报批建设项目环境影响报告书、环境影响报告表或者环境影响登记表。

学习提示：当高速公路路线线位及其他技术方案有重大调整时，报批过的环境影响报告书应按本条规定重新报批。

第十三条　国家对从事建设项目环境影响评价工作的单位实行资格审查制度。

从事建设项目环境影响评价工作的单位，必须取得国务院环境保护行政主管部门颁发的资格证书，按照资格证书规定的等级和范围，从事建设项目环境影响评价工作，并对评价结论负责。

国务院环境保护行政主管部门对已经颁发资格证书的从事建设项目环境影响评价工作的单位名单，应当定期予以公布。

具体办法由国务院环境保护行政主管部门制定。

从事建设项目环境影响评价工作的单位，必须严格执行国家规定的收费标准。

第十四条 建设单位可以采取公开招标的方式，选择从事环境影响评价工作的单位，对建设项目进行环境影响评价。

任何行政机关不得为建设单位指定从事环境影响评价工作的单位，进行环境影响评价。

第十六条 建设项目需要配套建设的环境保护设施，必须与主体工程同时设计、同时施工、同时投产使用。

第十七条 建设项目的初步设计，应当按照环境保护设计规范的要求，编制环境保护篇章，并依据经批准的建设项目环境影响报告书或者环境影响报告表，在环境保护篇章中落实防治环境污染和生态破坏的措施以及环境保护设施投资概算。

学习提示：公路建设项目请参见《公路环境保护设计规范》JTG B04—2010。

第二十条 建设项目竣工后，建设单位应当向审批该建设项目环境影响报告书、环境影响报告表或者环境影响登记表的环境保护行政主管部门，申请该建设项目需要配套建设的环境保护设施竣工验收。

环境保护设施竣工验收，应当与主体工程竣工验收同时进行。需要进行试生产的建设项目，建设单位应当自建设项目投入试生产之日起 3 个月内，向审批该建设项目环境影响报告书、环境影响报告表或者环境影响登记表的环境保护行政主管部门，申请该建设项目需要配套建设的环境保护设施竣工验收。

第二十二条 环境保护行政主管部门应当自收到环境保护设施竣工验收申请之日起30 日内，完成验收。

第二十三条 建设项目需要配套建设的环境保护设施经验收合格，该建设项目方可正式投入生产或者使用。

C7 建设项目竣工环境保护验收管理办法（节选）

第二条 本办法适用于环境保护行政主管部门负责审批环境影响报告书（表）或者环境影响登记表的建设项目竣工环境保护验收管理。

第三条 建设项目竣工环境保护验收是指建设项目竣工后，环境保护行政主管部门根据本办法规定，依据环境保护验收监测或调查结果，并通过现场检查等手段，考核该建设项目是否达到环境保护要求的活动。

第四条 建设项目竣工环境保护验收范围包括：

（一）与建设项目有关的各项环境保护设施，包括为防治污染和保护环境所建成或配备的工程、设备、装置和监测手段，各项生态保护设施；

（二）环境影响报告书（表）或者环境影响登记表和有关项目设计文件规定应采取的其他各项环境保护措施。

第六条 建设项目的主体工程完工后，其配套建设的环境保护设施必须与主体工程同时投入生产或者运行。需要进行试生产的，其配套建设的环境保护设施必须与主体工程同时投入试运行。

126

第九条　建设项目竣工后，建设单位应当向有审批权的环境保护行政主管部门，申请该建设项目竣工环境保护验收。

第十一条　根据国家建设项目环境保护分类管理的规定，对建设项目竣工环境保护验收实施分类管理。

建设单位申请建设项目竣工环境保护验收，应当向有审批权的环境保护行政主管部门提交以下验收材料：

（一）对编制环境影响报告书的建设项目，为建设项目竣工环境保护验收申请报告，并附环境保护验收监测报告或调查报告；

（二）对编制环境影响报告表的建设项目，为建设项目竣工环境保护验收申请表，并附环境保护验收监测表或调查表；

（三）对填报环境影响登记表的建设项目，为建设项目竣工环境保护验收登记卡。

第十四条　环境保护行政主管部门应自收到建设项目竣工环境保护验收申请之日起30日内，完成验收。

C8　交通建设项目环境保护管理办法（节选）

第二条　本办法所称"交通建设项目"，是指在中华人民共和国境内建设的对环境有影响的公路、水运工程建设项目。

第三条　交通部依照有关法律、行政法规和本办法对交通建设项目环境保护实施管理。交通部设置的交通环境保护机构具体负责全国交通建设项目环境保护的管理工作。县级以上地方人民政府交通主管部门依照有关法律、行政法规和本办法对本行政区域内交通建设项目环境保护实施管理。省、自治区、直辖市人民政府交通主管部门可设置交通环境保护机构具体负责本行政区域内交通建设项目环境保护管理工作。

学习提示：本条规定了交通建设项目环境保护的各级管理机构。

第五条　交通建设项目环境影响评价应当避免与交通建设规划的环境影响评价相重复，已经进行了环境影响评价的交通建设规划所包含的具体交通建设项目，其环境影响评价内容可以简化。

第七条　县级以上人民政府交通主管部门应当按照国家规定的环境影响评价制度和建设项目环境保护分类管理名录，对交通建设项目的环境保护实行分类管理。

未按照国家规定进行环境影响评价的交通建设项目，县级以上人民政府交通主管部门不予审批工程可行性研究报告和初步设计。

第八条　建设单位应当在交通建设项目可行性研究阶段报批建设项目环境影响报告书、环境影响报告表或者环境影响登记表。经交通环境保护机构审核，并经有审批权的环境保护行政主管部门同意，可在初步设计完成前报批建设项目环境影响报告书或者环境影响报告表。

按照国家有关规定，不需要进行可行性研究的交通建设项目，建设单位应当在交通建设项目开工前报批建设项目环境影响报告书、环境影响报告表或者环境影响登记表。

第九条　交通建设项目环境影响报告书、环境影响报告表或者环境影响登记表的内容和格式，应当符合国家有关规定及技术规范的要求。涉及水土保持的交通建设项目，环境影响报告书或者环境影响报告表必须有水土保持方案。

第十条　根据《中华人民共和国环境影响评价法》第二十二条第一款和《建设项目环境保护管理条例》第十条的规定，需报环境保护行政主管部门审批的交通建设项目，其环境影响报告书、环境影响报告表或者环境影响登记表，必须事先经同级交通主管部门预审。

第十一条　交通主管部门应当自收到建设项目环境影响报告书之日起三十日内、环境影响报告表十五日内、环境影响登记表十日内，提出同意或者不同意的预审意见，按有关规定报有审批权的环境保护行政主管部门审批。

第十二条　交通建设项目环境影响报告书、环境影响报告表或者环境影响登记表经批准后，建设项目的性质、规模、地点、采用的施工工艺发生重大变动或者超过五年后开工建设的，应当重新办理报批手续。

第十三条　建设单位向县级以上人民政府交通主管部门申请交通建设项目环境影响评价预审，应当按规定提交有明确的建设项目环境影响评价结论的建设项目环境影响报告书、环境影响报告表或者环境影响登记表；按规定应当提交环境影响报告书的，还应当附具有关单位、专家和公众的意见及对有关意见采纳或者不采纳的说明。

第十四条　交通建设项目环境影响评价工作，由建设单位自主选择熟悉交通建设项目施工工艺、污染排放和生态损害及其防治对策，具备交通建设项目工程分析能力，依法取得相应的资格证书，并向交通主管部门办理备案手续的机构承担。县级以上人民政府交通主管部门不得为建设单位指定任何机构进行交通建设项目环境影响评价。

第十五条　交通建设项目环境影响评价机构应当按照国家有关规定和资格证书确定的等级、评价范围，从事交通建设项目环境影响评价服务，并对评价结论负责。

第十六条　交通建设项目需要配套建设的环境保护工程，必须与主体工程同时设计、同时施工、同时投入使用。

第十七条　交通建设项目的初步设计，应当按照交通行业环境保护设计规范及其他有关技术规范的要求，编制环境保护篇章，并依据经批准的建设项目环境影响报告书或者环境影响报告表，在环境保护篇章中落实防治环境污染和生态破坏的措施以及环境工程投资概算。

第十八条　省级以上人民政府交通主管部门按规定组织交通建设项目的初步设计审查，应当有交通环境保护机构参加。交通建设项目初步设计的环境保护篇章不符合规定要求的，不得通过初步设计审查。

第十九条　交通建设项目的主体工程完工后，需要进行试运营的，其配套建设的环境保护设施必须与主体工程同时投入试运营。

第二十条　交通建设项目竣工后，建设单位应当向审批该建设项目环境影响报告书、环境影响报告表或者环境影响登记表的环境行政主管部门申请环境保护设施竣工验收，同时报县级以上人民政府交通主管部门。省级以上人民政府交通主管部门按规定组织交通建设项目的竣工验收，应当有交通环境保护机构参加。

第二十一条　交通建设项目需要配套建设的环境保护设施经验收合格后，该建设项目方可正式投入生产或者使用。

第二十二条　交通建设项目的后评估文件应当有环境保护篇章。重大交通建设项目应当进行专项环境后评估，评估费用在建设项目工作经费中列支。

C9 中华人民共和国公路法（节选）

第二条 在中华人民共和国境内从事公路的规划、建设、养护、经营、使用和管理，适用本法。

本法所称公路，包括公路桥梁、公路隧道和公路渡口。

第六条 公路按其在公路路网中的地位分为国道、省道、县道和乡道，并按技术等级分为高速公路、一级公路、二级公路、三级公路和四级公路。具体划分标准由国务院交通主管部门规定。

新建公路应当符合技术等级的要求。原有不符合最低技术等级要求的等外公路，应当采取措施，逐步改造为符合技术等级要求的公路。

第八条 国务院交通主管部门主管全国公路工作。

县级以上地方人民政府交通主管部门主管本行政区域内的公路工作；但是，县级以上地方人民政府交通主管部门对国道、省道的管理、监督职责，由省、自治区、直辖市人民政府确定。

乡、民族乡、镇人民政府负责本行政区域内的乡道的建设和养护工作。

县级以上地方人民政府交通主管部门可以决定由公路管理机构依照本法规定行使公路行政管理职责。

学习提示：本条规定了各级公路的行政管理职责。

第十一条 本法对专用公路有规定的，适用于专用公路。

专用公路是指由企业或者其他单位建设、养护、管理，专为或者主要为本企业或者本单位提供运输服务的道路。

第十二条 公路规划应当根据国民经济和社会发展以及国防建设的需要编制，与城市建设发展规划和其他方式的交通运输发展规划相协调。

第十三条 公路建设用地规划应当符合土地利用总体规划，当年建设用地应当纳入年度建设用地计划。

第十四条 国道规划由国务院交通主管部门会同国务院有关部门并商国道沿线省、自治区、直辖市人民政府编制，报国务院批准。

省道规划由省、自治区、直辖市人民政府交通主管部门会同同级有关部门并商省道沿线下一级人民政府编制，报省、自治区、直辖市人民政府批准，并报国务院交通主管部门备案。

县道规划由县级人民政府交通主管部门会同同级有关部门编制，经本级人民政府审定后，报上一级人民政府批准。

乡道规划由县级人民政府交通主管部门协助乡、民族乡、镇人民政府编制，报县级人民政府批准。

依照第三款、第四款规定批准的县道、乡道规划，应当报批准机关的上一级人民政府交通主管部门备案。

省道规划应当与国道规划相协调。县道规划应当与省道规划相协调。乡道规划应当与县道规划相协调。

第十五条　专用公路规划由专用公路的主管单位编制，经其上级主管部门审定后，报县级以上人民政府交通主管部门审核。

专用公路规划应当与公路规划相协调。县级以上人民政府交通主管部门发现专用公路规划与国道、省道、县道、乡道规划有不协调的地方，应当提出修改意见，专用公路主管部门和单位应当作出相应的修改。

第十六条　国道规划的局部调整由原编制机关决定。国道规划需要作重大修改的，由原编制机关提出修改方案，报国务院批准。

经批准的省道、县道、乡道公路规划需要修改的，由原编制机关提出修改方案，报原批准机关批准。

第十七条　国道的命名和编号，由国务院交通主管部门确定；省道、县道、乡道的命名和编号，由省、自治区、直辖市人民政府交通主管部门按照国务院交通主管部门的有关规定确定。

第十八条　规划和新建村镇、开发区，应当与公路保持规定的距离并避免在公路两侧对应进行，防止造成公路街道化，影响公路的运行安全与畅通。

第三十条　公路建设项目的设计和施工，应当符合依法保护环境、保护文物古迹和防止水土流失的要求。

公路规划中贯彻国防要求的公路建设项目，应当严格按照规划进行建设，以保证国防交通的需要。

第三十一条　因建设公路影响铁路、水利、电力、邮电设施和其他设施正常使用时，公路建设单位应当事先征得有关部门的同意；因公路建设对有关设施造成损坏的，公路建设单位应当按照不低于该设施原有的技术标准予以修复，或者给予相应的经济补偿。

参 考 文 献

[1]   任福田. 新编交通工程学导论 [M]. 北京：中国建筑工业出版社，2011.

[2]   交通部科技信息研究所. 高等级公路景观美化与环境保护. 1993.

[3]   刘天齐. 环境保护 [M]. 北京：化学工业出版社，1996.

[4]   张玉芬. 道路交通环境工程 [M]. 北京：人民交通出版社，2001.

[5]   高速公路丛书编委会. 高速公路环境保护与绿化 [M]. 北京：人民交通出版社，2001.

[6]   赵剑强. 公路交通与环境保护 [M]. 北京：人民交通出版社，2002.

[7]   冯晓，陈思龙等. 道路机动车污染测评技术与方法 [M]. 北京：人民交通出版社，2003.

[8]   陆书玉. 环境影响评价 [M]. 北京：高等教育出版社，2003.

[9]   刘朝晖，秦仁杰. 公路环境与景观设计 [M]. 北京：人民交通出版社，2003.

[10]   刘朝晖，张映雪. 公路线形与环境设计 [M]. 北京：人民交通出版社，2003.

[11]   许兆义，杨成永. 环境科学与工程概论 [M]. 北京：中国铁道出版社，2003.

[12]   张玉芬主编. 交通运输与环境保护 [M]. 北京：人民交通出版社，2004.

[13]   《公路环境保护设计规范》JTG B04—2010. 北京：人民交通出版社，2010.

[14]   戴明新. 公路环境保护手册 [M]. 北京：人民交通出版社，2004.

[15]   邓顺熙. 公路与长隧道空气污染影响分析方法 [M]. 北京：科学出版社，2004.

[16]   李嘉. 公路设计百问 [M]. 北京：人民交通出版社，2004.

[17]   杨琦. 公路建设管理知识百问 [M]. 北京：人民交通出版社，2004.

[18]   刘天玉. 交通环境保护 [M]. 北京：人民交通出版社，2004.

[19]   孔昌俊，杨凤林. 环境科学与工程概论 [M]. 北京：科学技术出版社，2004.

[20]   戴明新. 交通工程环境监理指南 [M]. 北京：人民交通出版社，2005.

[21]   李全文. 公路环境规划 [M]. 北京：人民交通出版社，2005.

[22]   《公路建设项目环境影响评价规范》JTG B03—2006. 北京：人民交通出版社，2006.

[23]   交通部科学研究院. 国外公路景观与环境设计指南汇编 [M]. 北京：人民交通出版社，2006.

[24]   薛明. 盐渍土地区公路养护与环境技术 [M]. 北京：人民交通出版社，2006.

[25]   交通部. 交通资源节约与环境保护 [M]. 北京：人民交通出版社，2007.

[26]   陈曙红. 汽车环境污染与控制 [M]. 北京：人民交通出版社，2007.

[27]   张凯. 人与环境（环境卷）[M]. 济南：山东科学技术出版社，2007.

[28]   田平. 公路环境保护工程 [M]. 北京：人民交通出版社，2008.

[29]   冷宝林. 环境保护基础 [M]. 北京：化学工业出版社，2008.

[30]   杨胜科，席临平，易秀编. 环境科学实验技术 [M]. 北京：化学工业出版社，2008.

[31]   王绍笳. 环境保护与现代生活 [M]. 北京：化学工业出版社，2009.

[32]   卢正京，衰平等. 广州绕城高速公路工程环境监理实践 [M]. 北京：人民交通出版社，2009.

[33]   郝吉明，马广大. 大气污染控制工程 [M]. 北京：高等教育出版社，2002.

[34]   王晓宁，孟祥海等. 基于几何线形的道路立交处机动车排放污染计算 [J]. 西安：中国公路学报，2009，22（6）.

[35]   王晓宁，安实等. 基于可拓的道路立交部交通污染评价模型 [J]. 哈尔滨：哈尔滨工业大学学

报，2009.41（9）．

[36]　乔翔，蔺惠茹. 公路立交规划与设计实务［M］. 北京：人民交通出版社，2001.

[37]　段永蕙. 关于我国环境影响评价发展与完善的思考［J］. 北京：环境保护科学，2000，26（4）．

[38]　吴国雄，李方. 互通式立体交叉设计范例［M］. 北京：人民交通出版社，2002.

[39]　张岸亭，庄义婷. 高架桥和立交桥的噪声污染与防治［J］. 北京：环境科学研究，2005，6（18）．

[40]　常玉林. 城市道路交通系统声环境分析和预测技术研究. 东南大学博士论文，2001.

[41]　张九跃，王晓宁. 大型立交交通噪声污染特性分析［J］. 城市道桥与防洪. 2008，11（11）：15-18

[42]　王文团，石敬华. 城市立交桥交通噪声变化规律与影响［J］. 安全与环境学报. 2005，5（3）：41～44

[43]　王晓宁. 道路立交交通污染分析与评价研究. 哈尔滨工业大学博士论文，2007.

[44]　沈毅，晏晓林. 公路路域生态工程技术［M］. 北京：人民交通出版社，2009.

[45]　毛文碧，段昌群等. 公路路域生态学［M］. 北京：人民交通出版社，2009.

[46]　林才奎，周晓航，夏振军. 公路生态工程学［M］. 北京：人民交通出版社，2011.